Dr. Maharshi Shukla
Dr. Shashikant Sutaria
Pro. Kokila Parmar

Actividades antimicrobianas de 1,3,4-Oxadiazóis

Dr. Maharshi Shukla
Dr. Shashikant Sutaria
Pro. Kokila Parmar

Actividades antimicrobianas de 1,3,4-Oxadiazóis

Síntese e Avaliação Biológica de Derivados de 1,3,4-Oxadiazol Incorporando as Partes Acetamida e s-Triazina"

ScienciaScripts

Imprint
Any brand names and product names mentioned in this book are subject to trademark, brand or patent protection and are trademarks or registered trademarks of their respective holders. The use of brand names, product names, common names, trade names, product descriptions etc. even without a particular marking in this work is in no way to be construed to mean that such names may be regarded as unrestricted in respect of trademark and brand protection legislation and could thus be used by anyone.

Cover image: www.ingimage.com

This book is a translation from the original published under ISBN 978-620-7-99552-3.

Publisher:
Sciencia Scripts
is a trademark of
Dodo Books Indian Ocean Ltd. and OmniScriptum S.R.L publishing group

120 High Road, East Finchley, London, N2 9ED, United Kingdom
Str. Armeneasca 28/1, office 1, Chisinau MD-2012, Republic of Moldova, Europe
Managing Directors: Ieva Konstantinova, Victoria Ursu
info@omniscriptum.com

Printed at: see last page
ISBN: 978-620-8-59106-9

Conteúdo

Capítulo - I 2
Capítulo - II 19
Capítulo - III 27
Capítulo - IV 37
Capítulo - V 45
Capítulo - VI 56

Capítulo - I

(SECÇÃO - A)

- Introdução à Química Medicinal

A química medicinal é um domínio multidisciplinar que integra princípios de química orgânica, farmacologia, bioquímica e química computacional para descobrir, conceber, desenvolver e otimizar agentes terapêuticos (medicamentos) para o tratamento de doenças. Desempenha um papel fundamental na indústria farmacêutica ao fazer a ponte entre a síntese química e a atividade biológica, com o objetivo de criar medicamentos eficazes e seguros que melhorem os resultados para os doentes.

O que é a Química Medicinal?

A química medicinal centra-se na conceção e síntese de compostos químicos, normalmente pequenas moléculas orgânicas, com actividades biológicas específicas que podem ser utilizadas como fármacos. Estes compostos são desenvolvidos através da exploração sistemática das relações estrutura-atividade (SAR), que envolve o estudo da forma como as variações na estrutura química afectam as interações do composto com alvos biológicos, tais como receptores, enzimas ou ácidos nucleicos.

Este domínio abrange várias fases da descoberta e desenvolvimento de medicamentos:

1. **Descoberta de medicamentos:** Identificação de compostos principais através de bibliotecas de rastreio de compostos químicos ou produtos naturais, seguida da otimização de compostos principais para melhorar a potência, a seletividade e as propriedades farmacocinéticas.
2. **Conceção de fármacos:** Conceção racional de novos compostos com base no conhecimento do alvo biológico e em estudos de SAR. As ferramentas e técnicas computacionais ajudam a prever as interações entre os fármacos e os seus alvos.
3. **Síntese:** Síntese química de compostos projectados em laboratório para produzir candidatos a medicamentos em quantidades suficientes para testes.
4. **Avaliação biológica:** Avaliação de compostos sintetizados em ensaios biológicos para determinar a sua eficácia, potência e perfis de segurança.
5. **Desenvolvimento pré-clínico e clínico:** Testes de candidatos a medicamentos promissores em modelos pré-clínicos (por exemplo, estudos em animais) e ensaios clínicos subsequentes para avaliar a segurança e a eficácia em seres humanos.

• Papel da Química Medicinal nas Indústrias Farmacêuticas

A química medicinal é indispensável para a indústria farmacêutica por várias razões:

- **Descoberta e desenvolvimento de medicamentos:** Fornece a ciência fundamental e as competências necessárias para identificar e otimizar os candidatos a medicamentos com potencial para se tornarem agentes terapêuticos.
- **Inovação:** Os químicos medicinais inovam criando novas entidades químicas ou modificando as existentes para melhorar as suas propriedades farmacológicas, como a eficácia, a segurança e a biodisponibilidade.
- **Vantagem competitiva:** O desenvolvimento de novos medicamentos com mecanismos de ação únicos ou perfis terapêuticos melhorados pode proporcionar às empresas farmacêuticas uma vantagem competitiva no mercado.
- **Proteção de patentes:** As novas entidades químicas resultantes da investigação em química medicinal podem ser patenteadas, proporcionando proteção da propriedade intelectual e exclusividade às empresas farmacêuticas.

- **Tradução da investigação:** Facilita a tradução dos resultados da investigação fundamental em soluções terapêuticas tangíveis que respondam a necessidades médicas não satisfeitas.
- **Utilizações da Química Medicinal**

A química medicinal contribui para vários aspectos da descoberta e desenvolvimento de medicamentos:

- **Conceção de terapias direcionadas:** Conceber medicamentos que visem especificamente moléculas ou vias causadoras de doenças, tais como enzimas, receptores ou mutações genéticas.
- **Melhorar a farmacocinética:** Otimizar as propriedades de absorção, distribuição, metabolismo e excreção (ADME) dos medicamentos para aumentar a eficácia e reduzir os efeitos secundários.
- **Combinações de medicamentos:** Conceção de terapias combinadas para melhorar os resultados terapêuticos, visando múltiplas vias ou mecanismos de doença.
- **Conceção de pró-fármacos:** Criação de pró-fármacos que são inactivos ou menos activos até serem metabolizados no corpo para a sua forma ativa, melhorando a administração do medicamento e a adesão do doente.
- **Desenvolvimento de formulações:** Colaboração com cientistas de formulações para desenvolver formulações de medicamentos que garantam estabilidade, solubilidade e vias de administração adequadas.

Potenciais danos da química medicinal

Embora a química medicinal tenha inúmeros benefícios, existem potenciais inconvenientes e desafios:

- **Preocupações com a segurança:** Apesar dos testes rigorosos, podem surgir efeitos adversos inesperados durante os ensaios clínicos ou após a aprovação do medicamento, o que realça a importância de avaliações de segurança exaustivas.
- **Desenvolvimento de resistências:** A utilização excessiva ou incorrecta de medicamentos pode levar ao desenvolvimento de estirpes de agentes patogénicos ou tumores resistentes aos medicamentos, o que obriga a uma investigação contínua de novas terapias.
- **Impacto ambiental:** A síntese e a eliminação de compostos químicos utilizados na química medicinal podem ter consequências ambientais se não forem geridas de forma responsável.
- **Considerações éticas:** Podem surgir dilemas éticos relativamente à utilização de animais na investigação pré-clínica, ao consentimento dos doentes em ensaios clínicos e ao acesso equitativo a novas terapias.
- **Custo e acesso:** O desenvolvimento de novos medicamentos é dispendioso e demorado, o que pode afetar a acessibilidade dos preços e o acesso, especialmente nos países em desenvolvimento.

Descoberta e desenvolvimento de medicamentos:

Descobrir e lançar um novo medicamento junto do público custa normalmente a uma empresa farmacêutica ou biotecnológica cerca de 900 milhões de dólares e demora em média 10 a 12 anos. Em circunstâncias especiais, como a procura de medicamentos eficazes para o tratamento da SIDA, a Food and Drug Administration (FDA) incentivou um processo abreviado de ensaio e aprovação de medicamentos, designado por fast-tracking. O processo de descoberta e desenvolvimento de medicamentos foi concebido para garantir que apenas os produtos farmacêuticos que são seguros e eficazes sejam introduzidos no mercado. Os novos medicamentos começam no laboratório com químicos, cientistas e farmacologistas que identificam factores celulares e genéticos que desempenham um papel em doenças específicas. Procuram substâncias químicas e biológicas que tenham como alvo estes marcadores biológicos e que possam ter efeitos semelhantes aos dos medicamentos. De cada 5000 novos compostos identificados durante o processo de descoberta, apenas cinco são considerados seguros para serem testados em voluntários humanos após avaliações pré-clínicas. Após três a seis anos de testes clínicos adicionais em doentes, apenas um destes compostos acaba por ser aprovado como medicamento comercializado para tratamento. A seguinte sequência de actividades de investigação dá início ao processo que resulta no desenvolvimento de novos medicamentos.

Identificação e validação de alvos: Os fármacos actuam geralmente sobre substâncias químicas celulares ou genéticas do organismo, conhecidas como alvos, que se acredita estarem associadas a doenças. Os cientistas utilizam uma variedade de técnicas para identificar e isolar um alvo e aprender mais sobre as suas funções e como estas influenciam a doença. São então identificados compostos que têm várias interações com alvos de medicamentos úteis para o tratamento de uma doença específica. Para selecionar os alvos com maior probabilidade de serem úteis no desenvolvimento de novos tratamentos para as doenças, os investigadores analisam e comparam cada alvo medicamentoso com outros, com base na sua associação a uma doença específica e na sua capacidade de regular compostos biológicos e químicos no organismo. São realizados testes para confirmar que as interações com o alvo do medicamento estão associadas a uma alteração desejada no comportamento das células doentes. Os investigadores podem então identificar compostos que têm um efeito no alvo selecionado.

Identificação de chumbo: Um composto ou substância líder é aquele que se acredita ter potencial para tratar doenças. Os cientistas de laboratório podem comparar substâncias conhecidas com novos compostos para determinar a sua probabilidade de sucesso. Por vezes, os compostos principais são desenvolvidos como colecções, ou bibliotecas, de moléculas individuais que possuem as propriedades necessárias para um novo medicamento. Em seguida, são efectuados testes com cada uma destas moléculas para confirmar o seu efeito no alvo do medicamento.

Otimização de pistas: A otimização de chumbo compara as propriedades de vários compostos de chumbo e fornece informações para ajudar as empresas farmacêuticas e de biotecnologia a selecionar o composto ou compostos com maior potencial para serem desenvolvidos em medicamentos seguros e eficazes. Muitas vezes, durante esta mesma fase de desenvolvimento, são realizados estudos de priorização de chumbo em organismos vivos (in vivo) e em células no tubo de ensaio (in vitro) para comparar vários compostos de chumbo e a forma como são metabolizados e afectam o corpo.

Estudos pré-clínicos: Na fase pré-clínica do desenvolvimento de medicamentos, um medicamento experimental tem de ser testado exaustivamente em laboratório para garantir que é seguro para administração a seres humanos. Os testes nesta fase podem demorar de um a cinco anos e devem fornecer informações sobre a composição farmacêutica do medicamento, a sua segurança, a forma como o medicamento será formulado e fabricado e como será administrado aos primeiros seres humanos. Durante o desenvolvimento pré-clínico de um medicamento, os testes laboratoriais documentam o efeito do medicamento experimental em organismos vivos (in vivo) e em células no tubo de ensaio (in vitro). Os resultados dos ensaios pré-clínicos são utilizados por peritos em métodos farmacêuticos para determinar a melhor forma de formular o medicamento para a sua utilização clínica prevista. Por exemplo, um medicamento que se destina a atuar nos seios nasais pode ser formulado como uma cápsula de libertação prolongada ou como um spray nasal. As agências reguladoras exigem testes que documentem as caraterísticas da composição química, pureza, qualidade e potência do ingrediente ativo do medicamento e do medicamento formulado. Os ensaios farmacológicos determinam os efeitos do medicamento candidato no organismo. Os estudos toxicológicos são efectuados para identificar os riscos potenciais para os seres humanos.

Estudos clínicos: O teste de um novo medicamento experimental começa com a apresentação de informações sobre o medicamento e o pedido de autorização para iniciar a administração a voluntários saudáveis ou doentes. Os IND (nos EUA), os CTX (no Reino Unido) e os CTA (na Austrália) são exemplos de pedidos apresentados às autoridades reguladoras competentes para obter autorização para efetuar investigação experimental. Esta investigação pode incluir o teste de uma nova forma de dosagem ou de uma nova utilização de um medicamento já aprovado para ser comercializado.

Fase - I Estudos clínicos: Os estudos de fase I são concebidos para verificar a segurança e a tolerabilidade do medicamento candidato em seres humanos e, normalmente, demoram seis a nove meses. Estes são os primeiros estudos efectuados em seres humanos. Um pequeno número de indivíduos, normalmente de 20 a 100 voluntários saudáveis, toma o medicamento experimental durante curtos períodos de tempo. Os testes incluem a observação e a documentação cuidadosa da forma como o medicamento actua no organismo - como é absorvido, distribuído, metabolizado e excretado.

Fase - II Estudos clínicos: Os estudos de fase II destinam-se a determinar a eficácia e a estudar melhor a segurança do medicamento candidato em seres humanos. Dependendo do tipo de medicamento experimental e da doença que trata, esta fase de desenvolvimento demora geralmente entre seis meses e três anos. Os testes são efectuados em várias centenas de doentes que sofrem da doença que o medicamento experimental foi concebido para tratar. Estes testes determinam a segurança e a eficácia do medicamento no tratamento da doença e estabelecem a dose mínima e máxima eficaz. A maioria dos ensaios clínicos de Fase II são aleatórios, ou divididos aleatoriamente em grupos, um dos quais recebe o medicamento experimental, outro recebe um placebo que não contém qualquer medicamento e, por vezes, um terceiro recebe um tratamento padrão atual com o qual o novo medicamento experimental será comparado. Além disso, a maioria dos estudos de Fase II são duplamente cegos, o que significa que nem os doentes nem os investigadores que avaliam o composto sabem quem está a receber o medicamento experimental ou o placebo.

Fase - III Estudos clínicos: Os estudos de fase III fornecem testes alargados da eficácia e segurança de um medicamento experimental, normalmente em ensaios clínicos aleatórios e cegos. Dependendo do tipo de medicamento candidato e da doença que trata, esta fase requer normalmente um a quatro anos de testes. Na Fase III, os testes de segurança e eficácia são efectuados com várias centenas a milhares de doentes voluntários que sofrem da doença que o medicamento experimental trata

Pedido de Novo Medicamento (NDA)/Pedido de Autorização de Comercialização (MAA): Os NDAs (nos EUA) e os MAAs (no Reino Unido) são exemplos de pedidos para comercializar um novo medicamento. Estes pedidos documentam a segurança e a eficácia do medicamento experimental e contêm toda a informação recolhida durante o processo de desenvolvimento do medicamento. Após a conclusão de testes pré-clínicos e clínicos bem sucedidos, esta série de documentos é submetida à FDA nos EUA ou às autoridades reguladoras aplicáveis noutros países. O pedido deve apresentar provas substanciais de que o medicamento terá o efeito que se diz ter quando é utilizado ou nas condições para as quais é prescrito, recomendado ou sugerido na rotulagem. A obtenção da aprovação para comercializar um novo medicamento demora frequentemente entre seis meses e dois anos

Custos de desenvolvimento: Normalmente, as empresas de biotecnologia e de meditecnologia subestimam os custos relacionados com o desenvolvimento não clínico e clínico. Em 2001, o custo total do desenvolvimento de um novo medicamento foi estimado em 820 milhões de dólares. 58% de todos os custos dizem respeito ao desenvolvimento clínico, depois de concluídos os estudos pré-clínicos.

Síntese de fármacos:

A investigação sistemática nos laboratórios farmacêuticos conduziu à introdução de um número crescente de medicamentos nos tempos modernos. O trabalho de síntese é efectuado de acordo com as seguintes linhas:

> São sintetizados compostos cujas estruturas são mais ou menos semelhantes às substâncias que ocorrem naturalmente. Por vezes, isto dá origem a medicamentos cujo preço é muito inferior ao dos que ocorrem naturalmente.

> Tenta-se preparar compostos com estruturas simplificadas sem perder a eficácia.

> São feitas tentativas para sintetizar novos medicamentos, que têm as propriedades de certos produtos naturais, mas não têm qualquer relação com eles em termos de estrutura.

> São feitas tentativas para sintetizar novos fármacos que não estão relacionados em estrutura e propriedades com os produtos naturais.

Mecanismos de ação dos medicamentos:

1. **Ação física:** a propriedade física do medicamento é responsável pela sua ação, por exemplo

Massa do medicamento - laxante de touro
Propriedade de adsorção - carvão vegetal
Atividade osmótica - mentol
Radioatividade - radioisótopos
Opacidade radioactiva - meios de

2. **Ação química:** O medicamento reage extracelularmente de acordo com equações químicas simples, por exemplo, os antiácidos neutralizam a HCL gástrica Os agentes oxidantes ($KMnO_4$, I_2) são germicidas e inactivam os alcalóides ingeridos.

3. **Através de enzimas:** Estimulação, por exemplo, a adrenalina estimula os ciclos adenilíticos Inibição, por exemplo, a fisostigmina e a neostigmina competem com a acetilcolina pela colinesterase.

4. **Através dos receptores:** A macromolécula ou o componente de uma célula ou organismo que interage com o fármaco e inicia a cadeia de acontecimentos bioquímicos que conduzem aos efeitos observados do fármaco são designados receptores. O agonista ativa um recetor para produzir um efeito, por exemplo, adrenalina, histamina, morfina. O agonista parcial ativa um recetor para produzir um efeito submaxial, mas antagoniza a ação de um agonista completo, por exemplo, a nalorfina. O agonista inverso ativa um recetor para produzir um efeito no sentido oposto ao do agonista bem conhecido, por exemplo, DMCM. O antagonista liga-se ao recetor, não o ativa e não tem qualquer efeito próprio. Os principais efeitos impedem o agonista de se ligar e ativar o recetor.

(SECÇÃO - B)

Foram sintetizadas amidas básicas em grande número e, entre estas, a dietilamino-2,6-dimetilacetanilida (Xilocaína, Lidocaína) (I) é uma das mais conhecidas a nível local [1] anestésicos.

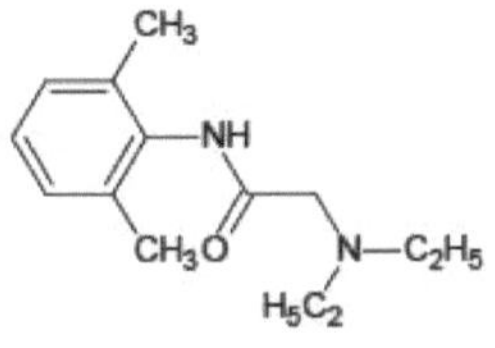

(I)

Os derivados de cloroacetanilida (II)[2], como o xilacloro (III), o alacloro (IV), o clorofórmio (V), etc., são utilizados principalmente como herbicidas.

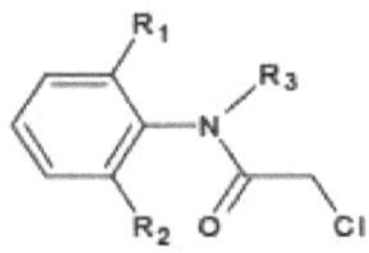

(II)

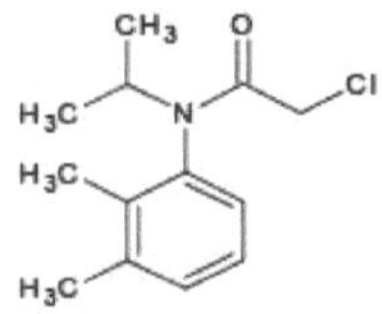

(III)

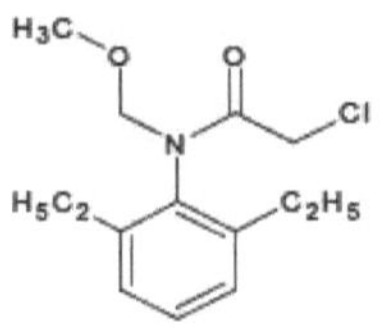

(IV)

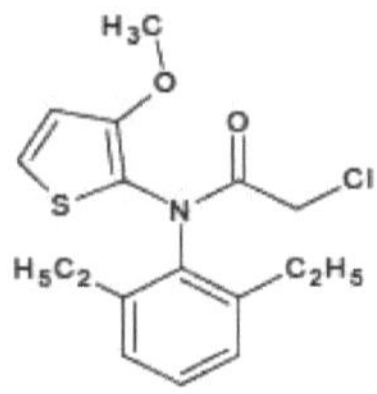

(V)

O cloranfenicol (VI), isolado de uma espécie de Streptomycin, um organismo do solo, é o primeiro antibiótico[3] a ser sintetizado por um procedimento prático. Trata-se de uma molécula relativamente simples que contém um grupo nitro aromático e um grupo dicloroacetamido.

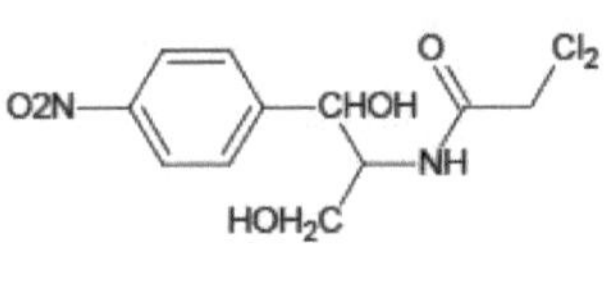

(VI)

A cloromicetina é especialmente eficaz contra o tifo e a febre das Montanhas Rochosas.[4] Foram sintetizados derivados 2-(N,N- amino acetamido dissubstituído)-4-aril tiazóis do tipo (VII)[5] e avaliados para anestesia de condução em rãs pelos métodos do plexo ciático.

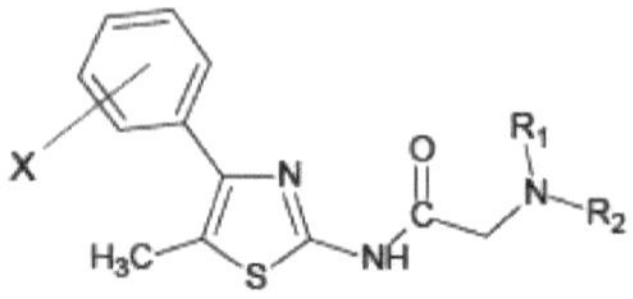

(VII) Where X = 4-F or 3-OCH_3

O N-cloroacetil-2-aminobenzotiazolo[6] (VIII) foi preparado e utilizado posteriormente na síntese do 2-(benzotiazolo carbamoil substituído)-benzimidazolo

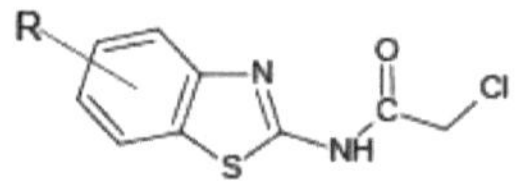

(VIII) Where X = H, 2-NO_2, 3-NO_2, 4-NO_2, 2-Cl, 3-Cl, 4-Cl, 4-Br, 4-OCH_3

Hassan et. al.[7] prepararam derivados de N-cloroacetil-2-aminotiazol do tipo (IX) e estudaram as suas actividades antimicrobianas.

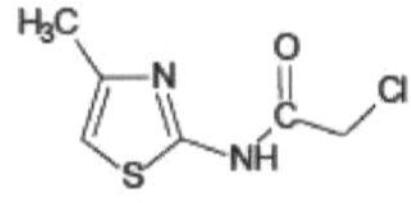

(IX) Where R = C_2H_5, C_6H_5

Desde a introdução da lidocaína como anestésico local, foram preparados numerosos análogos e derivados, mas não foram relatados análogos contendo um núcleo de piperazina (X).[8]

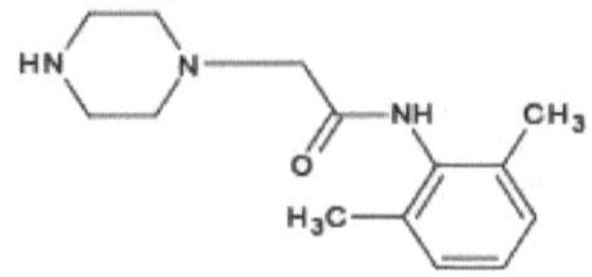

(X)

As α-cloroacetanilidas foram condensadas com 5-(4-acetilaminofenil)-1,3,4-oxadiazol-2-
A tiona deu acetamida de 1,3,4-oxadiazóis 2,5-dissubstituídos (XI) como potenciais agentes antimicrobianos, anticancerígenos e anti-HIV.[9]

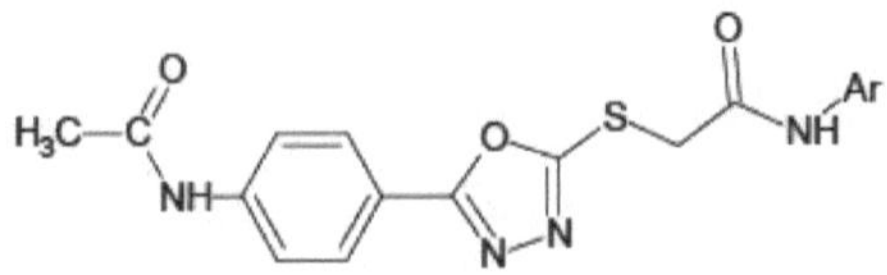

(XI) Where, Ar = aryl

Metwally et. al.[10] condensaram 2-cloro acetil amino-5-aril tiazóis (XII) com 2- mercapto benzotiazol (XIII) para obter corantes dispersos (XIV) com grupo acetamido. Estes corantes foram aplicados à fibra de poliéster como corantes dispersos e as suas propriedades de solidez foram avaliadas.

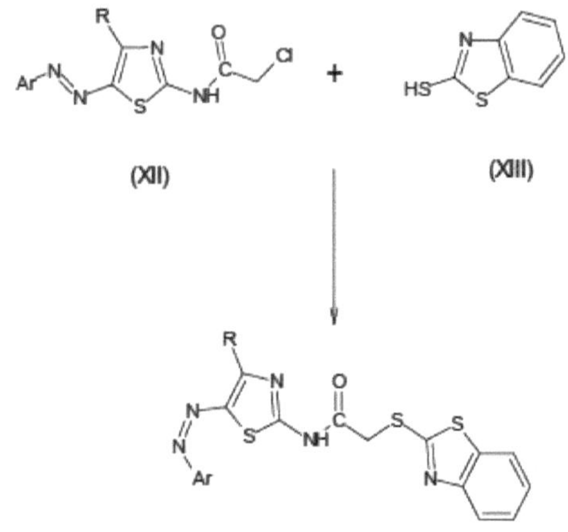

(XII) (XIII)

(XIV)

Os inibidores irreversíveis do recetor do fator de crescimento epidérmico (EGFR) (^{11}C)-ML03 demonstraram um metabolismo rápido do marcador, o que levou à sua baixa acumulação *in vivo* em tumores com expressão excessiva de EGFR. Para melhorar a absorção tumoral, a estrutura química do composto foi modificada e foram sintetizados quatro novos grupos de inibidores do EGFR com uma vasta gama de reatividade química. O estudo revela que, quando o grupo acrilamida altamente reativo quimicamente na posição 6th foi substituído pelo grupo acetamida, a estabilidade química aumentou, aumentando assim a estabilidade biológica dos compostos e, esperançosamente, a sua disponibilidade para o tumor.[11]

Uma variedade de derivados de acetamida (XV) foram sintetizados e encontrados como inibidores da quinase dependente de ciclina,[12] também foi estudado que o composto (XVI)[13] e muitos tinham afinidade semelhante para CDK2 e CDK4 em comparação com (XIV). Neste contexto, a SAR resultante destes análogos indica que a bolsa de ligação que acomoda o grupo acilo é bastante promíscua.

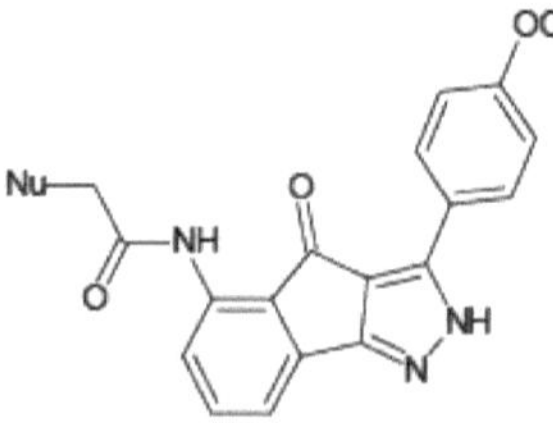

(XV)

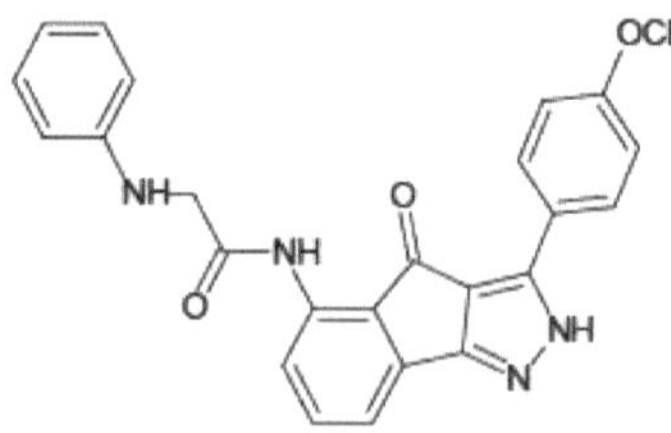

(XVI)

Foi sintetizada uma série de derivados de acetamida (XVII) e verificou-se que alguns dos compostos se encontram entre os inibidores mais potentes da replicação do VIH *in vivo*, exibindo também um perfil cinético global favorável do farmaco com 61% de biodisponibilidade oral aparente no rato.[14]

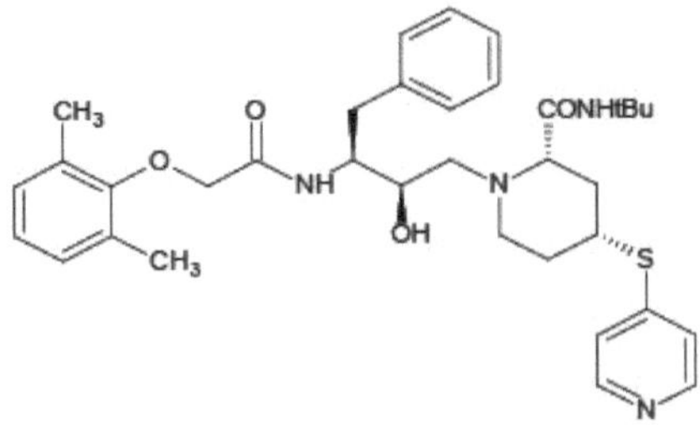

(XVII)

Os derivados da acetamida foram considerados antagonistas do neuropeptídeo Y5 para o tratamento da obesidade.[15] Foram realizados estudos preliminares para compreender a SAR e os compostos selecionados foram avaliados quanto à sua eficácia in vivo, tendo-se verificado que o composto (XVIII) apresentava uma atividade in vivo que reduzia a ingestão de alimentos em roedores.

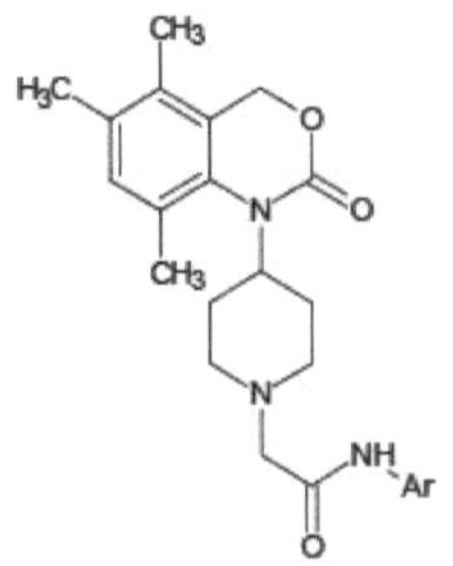

(XVIII)

Where, Ar = aryl and hetero aryl

R_1, R_2 R_3 = H, alkyl etc.

Outras aplicações diversas das N-cloroaceanilidas são a síntese de agentes antagonistas da 5-HT1A16, antitumorais17, antibacterianos18 e antifúngicos19 por condensação com vários heterociclos.

Os heterociclos contendo azoto desempenham um papel importante, não só na indústria das ciências da vida, mas também em muitos outros domínios industriais relacionados com a química especial e fina. Entre eles, as 1,3,5-triazinas representam uma estrutura de chumbo amplamente utilizada com uma multiplicidade de aplicações interessantes em numerosos domínios.[20] Vários derivados da s-triazina apresentam actividades antimicrobianas[21], antibacterianas[22] e herbicidas.[23] São também utilizados para o tratamento da infeção pelo VIH.[24,25] Vários investigadores descobriram que os núcleos das s-triazinas são potenciais agentes terapêuticos para doenças causadas por bactérias, malária e cancro.[26] As 1,3,5-triazinas são uma classe de compostos bem conhecidos desde há muito tempo e continuam a ser objeto de um interesse considerável, principalmente devido às suas aplicações em diferentes domínios, incluindo a produção de herbicidas e de fotobilizadores poliméricos.[27] Algumas s-triazinas apresentam propriedades biológicas importantes, por exemplo, a hexametil melamina (HMM) (XIX) e a 2-amino-4-morfolino-s-triazina (XX) são utilizadas clinicamente devido às suas propriedades antitumorais na reação ao cancro do pulmão, da mama e dos ovários, respetivamente.[28] A hidroximetil pentametil melamina (XXI) é também o metabolito hidroxilado que corresponde à principal forma ativa da HMM.[29] Mais recentemente, foram observadas actividades inibidoras significativas da aromatase para as s-triazinas de estrutura geral (XXII). A s-triazina (XXIV) apresenta potencial uso como anel mediado por sideróforo (abrigo de ferro microbiano)[30] e a estrutura geral (XXV) apresenta potente atividade antagonista do recetor do fator liberador de corticotrofina1.

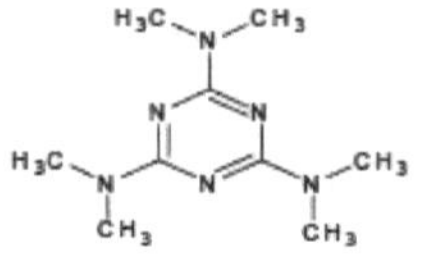

(XIX)

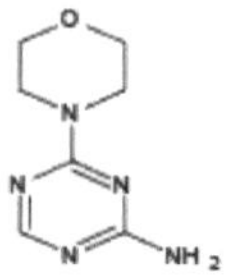

(XX)

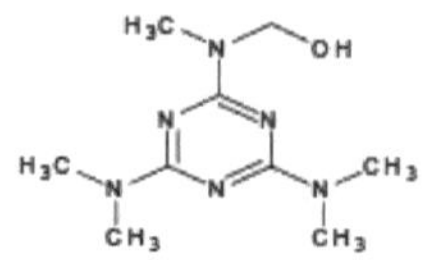

(XXI)

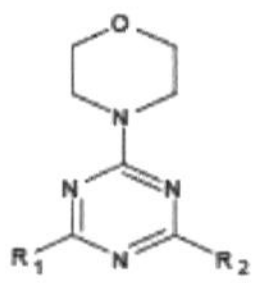

(XXII)

Where, R_1 = morpholene

R_2 = imidazole

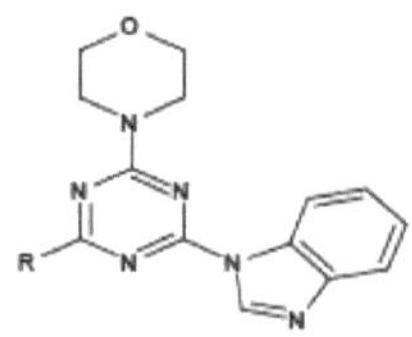

(XXIII)

Where, R = dimethyl amine

R = 2,6-dimethyl morpholine

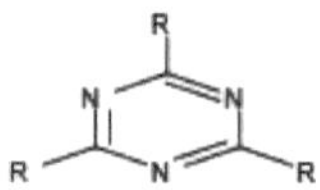

(X X IV)

W h e r e R =

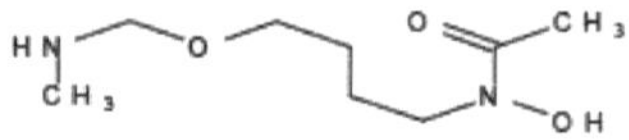

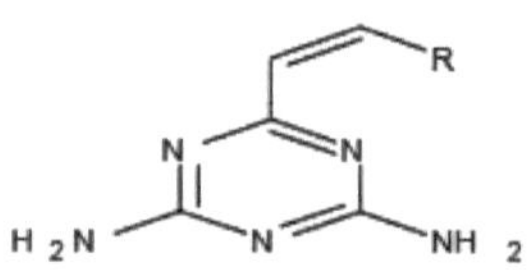

(X X V)

W h e r e , R =

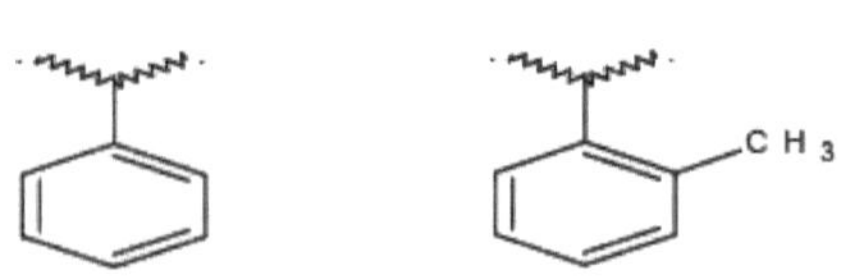

Os heterociclos com grupos de azoto, enxofre e oxigénio constituem a estrutura principal de um certo número de compostos de interesse biológico. Sabe-se que os análogos 2-mercapto dos derivados de benzotiazol possuem várias actividades farmacológicas.32,33 A fração 1,3,4-oxadiazol possui actividades antibacteriana34-37 e anti-inflamatória38, anticonvulsiva39, pesticida40, estimulante do SNC41, anti-hipertensiva42, hipnótica43 e sedativa. Os derivados do 1,3,4-oxadiazol constituem uma classe importante de compostos com diversas actividades farmacológicas, incluindo fungitóxica44,45, insecticida46, herbicida47 e anti-inflamatória, etc.

Trivedi et. al. sintetizaram um derivado oxadiazólico do tipo (XXVI) e estudaram as suas actividades antibacteriana, anti-tuberculosa, anticancerígena e anti-HIV.48

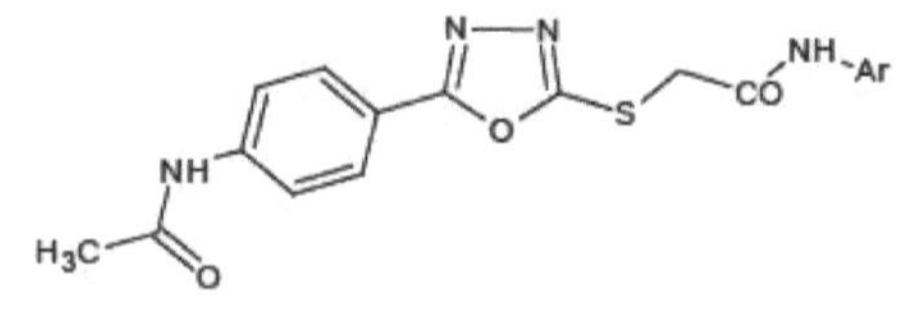

(XXVI)

Foram preparados oxadiazolilindóis do tipo (XXVII) e verificou-se que possuem uma atividade considerável contra bactérias Gram positivas e Gram negativas [49].

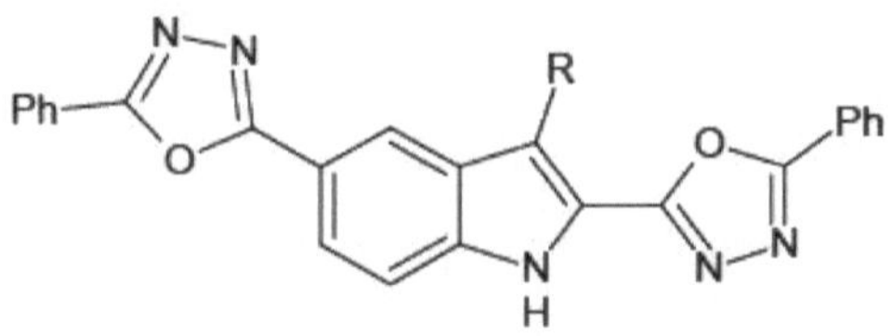

(XXVII)

Garg et. al. sintetizaram oxadiazóis com núcleos de 2-aril amino-5-mercapto-1,3,4-tiadiaidazol como possíveis agentes antimicrobianos.[50]

Kowalska et. al. sintetizaram e estudaram a atividade anti-proliferativa in vitro de novas diretivas 5-(2-amino-3-piridil)-2-tioxo-3H-1,3,4-oxadiazóis.[51]

1,3,4-oxadiazóis do tipo (XXVIII) foram sintetizados e avaliados quanto à sua atividade antibacteriana.[52]

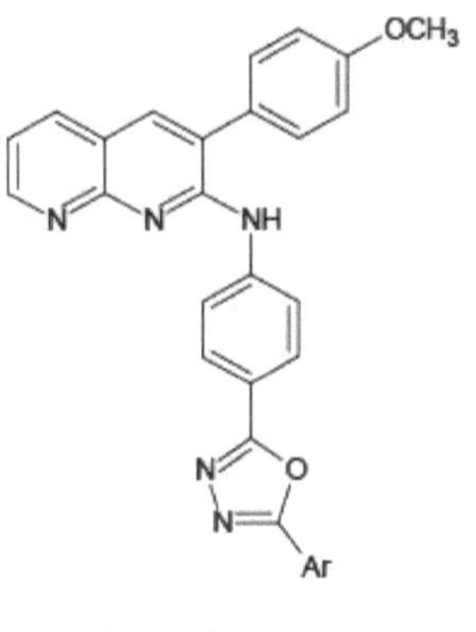

(XXVIII)

Os derivados de oxadiazol (XXIX) foram sintetizados e estudadas as suas actividades antimicrobianas, alguns dos compostos exibiram uma atividade antibacteriana promissora contra E. Coli, S. aureus e P. aeuroginosa e atividade antifúngica contra C. albicans e A. niger.[53]

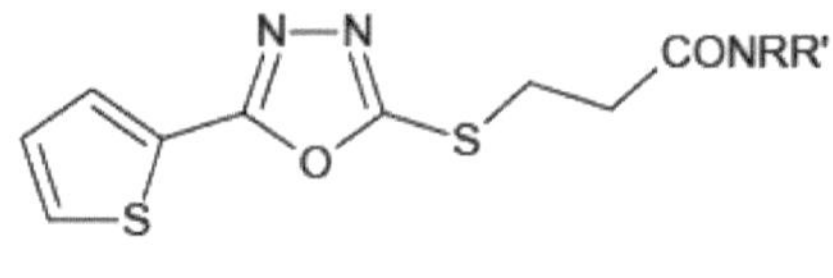

(XXIX)

Derivados substituídos de 1,3,5-oxadiazóis do tipo (XXX) foram sintetizados e avaliados quanto à sua atividade antifúngica[54].

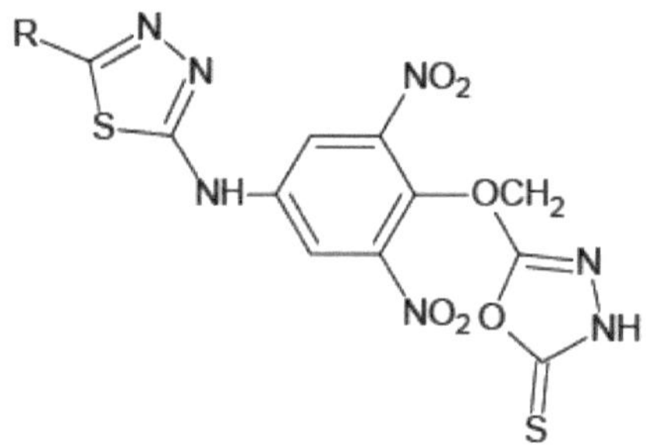

(XXX)

Os derivados 2,5-dissubstituídos do 1,3,4-oxadiazol possuem um amplo espetro de actividades farmacológicas, tais como antibacteriana, antifúngica, antimalárica[55], anticonvulsiva, anti-inflamatória e anticancerígena. A 5-substituída-1,3,4-oxadiazol-2-tiona e os seus derivados possuem propriedades depressoras do SNC[56], pesticidas, antituberculosas[57] e de inibição da tirosinase. Os derivados de oxadiazóis (XXXI) foram sintetizados como um novo indutor de apoptose através do nosso ensaio de rastreio de caspases e de células de elevado rendimento[58].

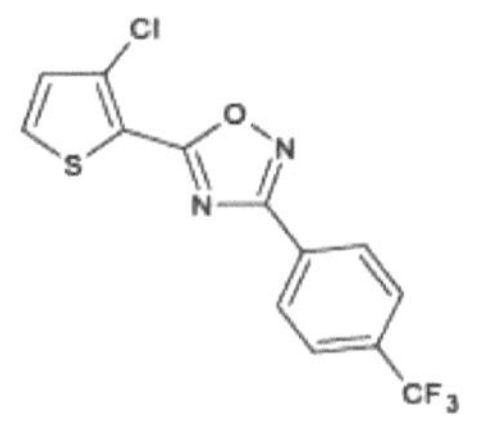

(XXXI)

Milda Malvina Burbuliene et. al. Síntese e resultado da atividade anti-inflamatória in vivo de 5-[(2-dissubstituído-amino-6-metilpiridin-4-il)-sulfanilmetil]-3H-1,3,4- oxadiazol-2-tionas e seus derivados S-alquil-, N3-acil- e N3-amino-metil são descritos. Todos os compostos testados possuem uma atividade anti-inflamatória comparável à do ácido acetilsalicílico e alguns derivados de 5-[(6-metil-2-piperidina-1-ilpirimidina-4-il)-sulfanilmetil]-3H-1,3,4-oxadiazol-2-tiona foram considerados muito mais activos do que o ibuprofeno.[59]

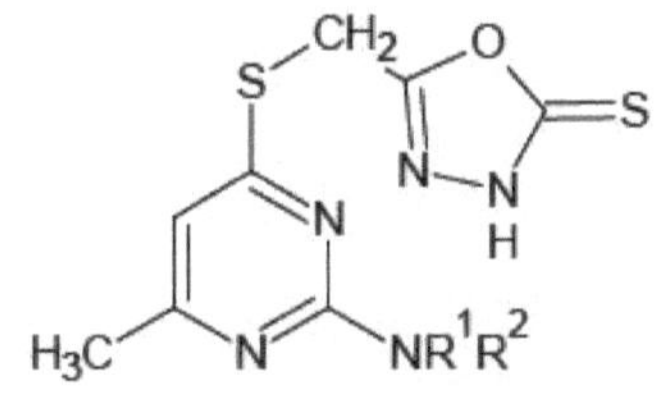

(XXXII)

Asif Hussain et. al. relataram uma nova série de 2-[3-(4-bromofenil) propan-3-ona]-5- (fenil substituído)-1,3,4-oxadiazóis e foram sintetizados a partir do ácido 3-(4- bromobenzoil) propiónico com o objetivo de obter melhores agentes anti-inflamatórios com o mínimo ou sem efeitos secundários. Estes foram avaliados quanto à atividade anti-inflamatória de acordo com o método de Wnter et. al. em ratos Wistar. Um grupo foi mantido como controlo e os animais dos outros grupos foram pré-tratados com os fármacos em estudo (20 mg kg-1 de massa corporal) administrados por via oral 30 minutos antes da injeção de carragenina com um pletismógrafo. Foi calculado o aumento médio do volume da pata em cada grupo. A indometacina foi utilizada como fármaco padrão para comparação.[60]

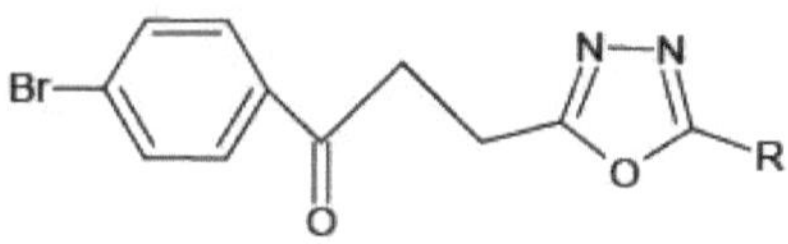

(XXIII)

Trilok Chandra et. al. todos os compostos recentemente sintetizados foram analisados quanto às suas actividades anti-inflamatórias e analgésicas. Todos os compostos mostraram uma atividade anti-inflamatória que variou de 10,8 a 40,8% na dose de 50 mg\kg, p.o. Para além da atividade anti-inflamatória, estes compostos também mostraram uma atividade analgésica que variou de 8,6 a 33,5% na dose de 50 mg/kg, i.p.[61]

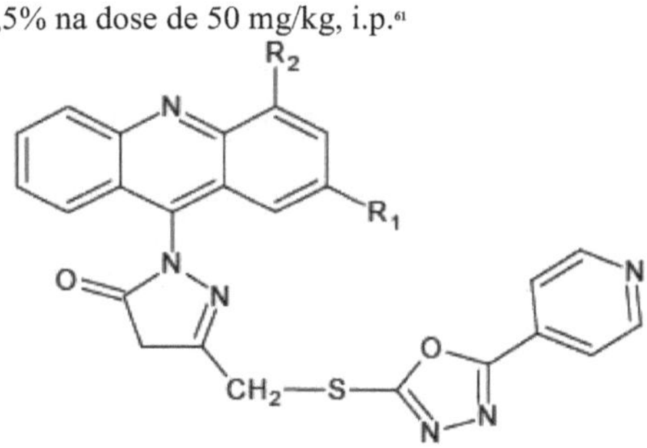

(XXXIV)

Dhansay Dewangan et. al. sintetizaram (a) utilizando o intermediário piridina-4-carbohidrazida. A base de Schiff foi obtida por tratamento com vários aldeídos aromáticos e a condensação com anidrido acético produziu os compostos do título. Também sintetizaram derivados de 1,3,4-oxadiazol utilizando o mesmo intermediário que os anteriores por métodos diferentes. A posição 2 e a posição 5 têm um papel dominante na determinação das actividades farmacológicas dos derivados do 1,3,4-oxadiazol. Os compostos sintetizados foram analisados utilizando carragenina e induzindo edema de pata de rato. A substituição direta da posição 2- por um $-C_5H_4N$ e $-2\text{-}COOH\text{-}C_6H_4$, com piridina na posição 5, aumenta a atividade anti-inflamatória do derivado de 1,3,4-oxadiazol.[62]

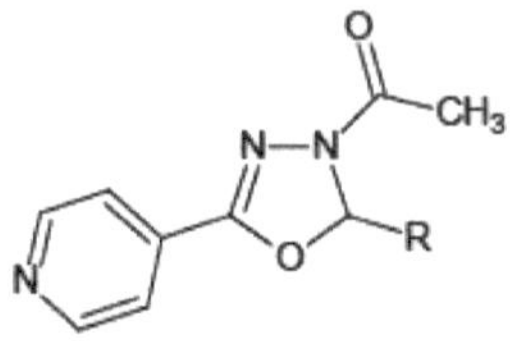

(a)

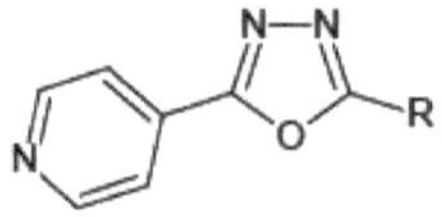

(b)

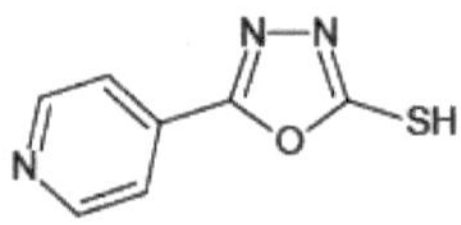

(c)

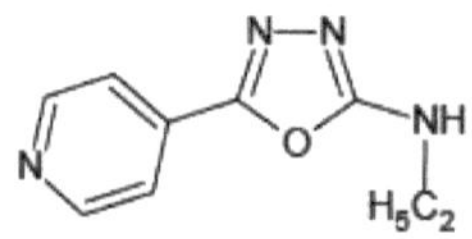

(d)

Referências

1. Lofgren N., Lundquist B., U.S Pat., **1948**, 244196.
2. Coleman S., Rose R. L., Environ. Health Persp., **2000**, 108, 1151.
3. Bartz Q. R., J. Biol. Chem., **1948**, 172, 445.
4. Standiford H. C., Principles and practice of Infectious Diseases, 2nd Ed. (G. L. Mandell, Bennett J. E., Eds. John Wiley and Sons, Inc., Nova Iorque, **1985**,206.
5. Bhargava P. N., Tripathi R., J. Ind. Cshem. Soc., **1982**, LIX, 773.
6. Pritmani S., Sharma P., Ind. J. Chem., **1999**, 38B, 1289.
7. Et-Khaseef H. S., Hassan K. M., J. Ind. Chem. Soc., **1974**, 12, 1058.
8. Foye W. O., Mc Kenzie W. L., J. Med. Chem., **1966**, 9, 61.
9. Shah H. P., Trivedi P. B., Ind. J. Chem., **1998**, 37B, 180.
10. Metwally M. A., Amer F. A., Kaupp G., Dyes and Pigments, **2004**, 60, 249.
11. Eyal M., Galith A., Orit J., J. Med. Chem., **2005**, 48, 5337.
12. David A. N., Anup V., Anna-Marie E., J. Med. Chem., **2002**, 45, 5224.
13. Negiel D. A., Etzkorn A. M., Vidwans A., J. Med. Chem., **2001**, 44, 13354.
14. Pierre L. B., Paul C. A., Dale R. C., J. Med. Chem., **2000**, 43, 1094.
15. Antoni T., Joseph M., Adriana P., J. Med. Chem., **2005**, 48, 2080.
16. Cliffe I. A., Mansell H. L., Eur. Pat., **1993**, 0512 755 A2.
17. Vassilev L. T., Berthel S. J., Anti-Cancer Drug Design, **2001**, 16, 7.
18. Abdel-Hamide S. G., J. Ind. Chem. Soc., **1997**, 74, 613.
19. Pattanaik J. M., Bhatta D., Ind. J. Chem., **1998**, 37B, 1304.
20. Smolin E. M., Ropoport L., "S-Triazins and Derivatives" Eds; Interscience publisher, New York, **1959**.
21. Desai P. S., Desai K. R., J. Ind. Chem. Soc., **1994**, 77, 155.
22. Gajare A. S., Shingare M. S., Ind. J. Chem., **1998**, 37B, 510.
23. Nishimura N., Kato A., Carbohyd. Res., **2001**, 331, 77.
24. Kukla M. J., Jassen P. A. J., Eur. Pat., **1999**, 447, 945.
25. Barkhard K., Glibert I. H., J. Med. Chem., **2001**, 44, 3440.
26. Lino Y., Morishita Y., Anticancer Res., **1998**, 18, 171.
27. Hollink E., Simanck E., Tetrahydron Lett., **2005**, 46, 2005.
28. Kuo G., De Angelis A., Emanuel S., J. Med. Chem., **2005**, 48, 5435.
29. Matsuno T., Kato M., Sasahar H.,Chem. Pharm. Bull, **2000**, 48, 1778.
30. Ramurthy S., Miller M. J., J. Org. Chem., **1996**, 61, 4120.
31. Whitten J. P., Xie Y. F., Erickson P. E., J. Med. Chem., **1996**, 39, 4354.
32. Guru N., Srivastava S. D., J. Sc. Ind. Res., **2001**, 60, 601.
33. Yadav R., Srivastava S. D., J. Ind. Chem. Chem. Soc., **2004**, 81, 342.
34. Sahin G., Palaska E., Ozalp M., Farmaco, **2002**, 57(7), 539.
35. Radha Rani B., Rahman M. F., Ind. J. chem., **1990**, 29B, 995.
36. Andotra C. S., Sharma S. K., Ind. J. Pharm. Sci., **1989**, 7, 107.
37. Hiremath S. P., Sonar V. N., Purohit M. G., Ind. J. Chem., **1989**, 28B, 626.
38. Ramalingam T., Deshmukh A. A., Sattur P. B., Naik S. R., J. Ind. Chem. Soc., **1981**, 58, 269.
39. Ram V. J., Pandey H. N., J. Ind. Chem. Soc., **1974**, 51, 634.
40. Hiroshi K., Isao H., Shigeki O., ZassoKenkyn, **1969**, 8, 49.
41. Dubey A. K., Sangwan N. K., Ind. J. Chem., **1994**, 33B, 1043.

42. Ponticello G. S., Engelhardt E. L., Baldwin J. J., J. Heterocyclic Chem., **1980**, 17, 425.
43. Adelstein G. W., Bianchi R. G., J. Med. Chem., **1976**, 19, 1221.
44. Gogoi P. C., Kataky J. C. S., Ind. J. Chem., **1990**, 29B, 1159.
45. Dutta M. M., Goswami B. N., Kataky J. C. S., J. Heterocyclic Chem., **1986**, 23, 793.
46. Ram V. J., Dubey V., Vlietinck A. A., J. Heterocyclic Chem., **1989**, 26, 625.
47. Ram V. J., Pandey H. N., Eur. J. Med. Chem., **1977**, 12(6), 537.
48. Shah H. P., Trivedi P. B., Undavia N. K., Ind. J. Chem., **1998**, 37B, 180.
49. Hiremath S. P., Shevaramayya K., Purohit M. G., Ind. J. Chem., **1990**, 29B, 1118.
50. Nair S., Garg S. P., Ind. J. Heterocyclic Chem, **2002**, 12, 9.
51. Liszkiewicz H., Kowalska M. W., Ind. J. Chem., **2003**, 42B, 2846.
52. Mogilaiah K., Rama Sudhakar G., Ind. J. Heterocyclic Chem, **2001**, 11, 163.
53. Khazi I . M., Koti R. S., Ind. J. Heterocyclic Chem, **2003**, 13, 87.
54. Rustage V., Garg S. P., Shah P., Ind. J. Heterocyclic Chem, **2003**, 12, 301.
55. Chen B., Qin W., Shen Z., Yiyago Gongye, **1985**, 16, 305.
56. El-Ansary S. L., Aly E. I., Soliman G. A., Bull Fac Pharm., **1993**, 31, 203.
57. Pancechowska K. D., Foks H., Janowiec M., Ata Pol Pharm., **1986**, 43, 116.
58. Zhong H., Kasibhatla S., J. Med. Chem., **2005**, 48, 5215.
59. Milda Malvina Burduliene, Virginija Jakubkiene, Giedrute Mekuskiene, Emilija Undernaite, Romualds Smicius, Povilas-Vainilavicius, IL Farmco, **2004**, 59, 767-774.
60. Asif Husain, Mohammed Ajmal, Ata Pharm., **2009**, 59, 223-33.
61. Trilok Chandra, Neha Garg, Suman Lata, Saxena K. K., Ashok Kumar, European Journal of Medicinal Chemistry, **2010**, 45, 1772-1776.
62. Dhansay Dewangan, Alok Pandey, Sivakumar T., Rajavel R., Ravindra Dhar, Dubey, International Journal of ChemTech Research, **2010**, 2(3), 1397-1412.

Capítulo - II

Química do cloreto de cloroacetilo

As 2-cloro-N-(aril)-acetamidas ou -cloro acetanilida são utilizadas principalmente na síntese de analgésicos como a xilocaína, etc. Tem sido utilizada como herbicida na ciência das ervas daninhas. A estrutura comum da a-cloro acetanilida é representada por (I).

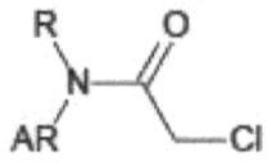

(I) Where, R=H, $-CH_2$, $-CH_3$ etc.

Recentemente, estes compostos são utilizados na síntese de agentes antifúngicos e antibacterianos.

Métodos gerais para a preparação de 2-cloro-N-(aril)-acetamidas:

1. Deixou-se reagir o cloreto de cloroacetilo com o 5-amino-3,4-dimetilisooxazole, obtendo-se o 5-(2-cloroacetamido)-3,4dimetilisoxazole.[1]

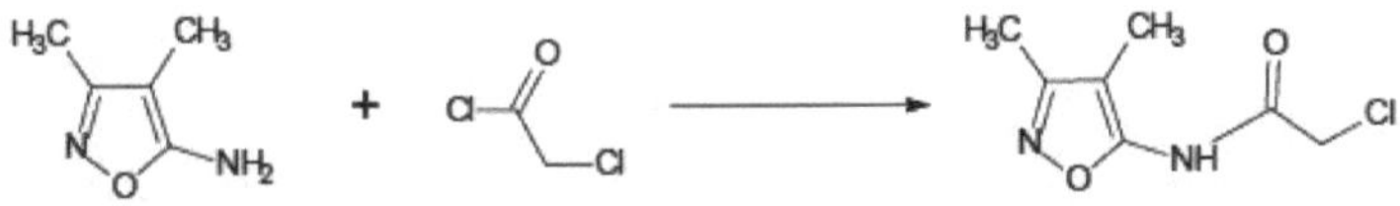

2. As aminas foram tratadas com cloreto de cloroacetilo em benzeno, na presença de TEA, à temperatura de refluxo, obtendo-se 2-cloro-N-(aril)-acetamidas.[2-11]
3. A aminopiridina é acoplada ao cloreto de cloroacetilo em diclorometano, na presença de trietilamina, produzindo N-2-(2-cloroacetil)-aminopiridina[12,13].

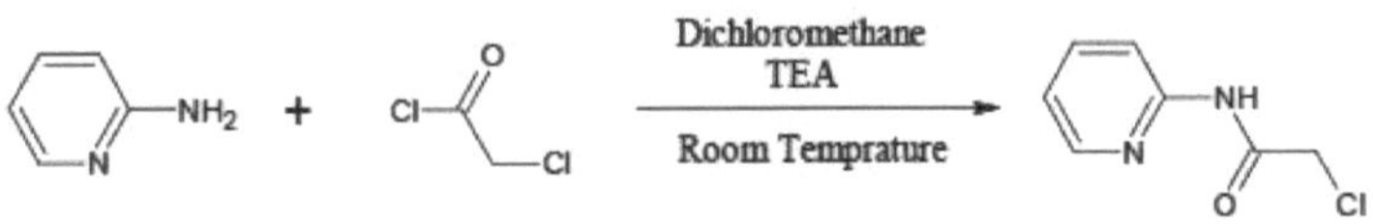

4. A anilina foi tratada com cloreto de cloroacetilo em tolueno à temperatura de refluxo, obtendo-se
2-cloro-N-fenilacetamida[14].

2-chloro-N-phenylacetamide

O cloreto de cloro-acetilo foi deixado reagir com várias aminas, resultando em vários 2-cloro-N-fenilacetamida[15].

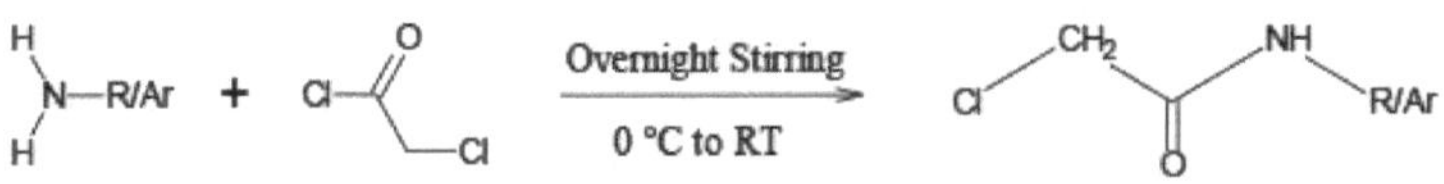

Aryl 2-chloro-N-phenylacetamide

5. A 2-amino-4-(2,4-dicloro-5-flourofenil)-6-(aril)-pirimidina é acoplada ao cloro cloreto de acetilo em benzeno, na presença de trietilamina, produzindo N-cloro acetil-2-amino-4-(2,4-dicloro-5-flourofenil)-6-(aril)-pirimidina.[16]

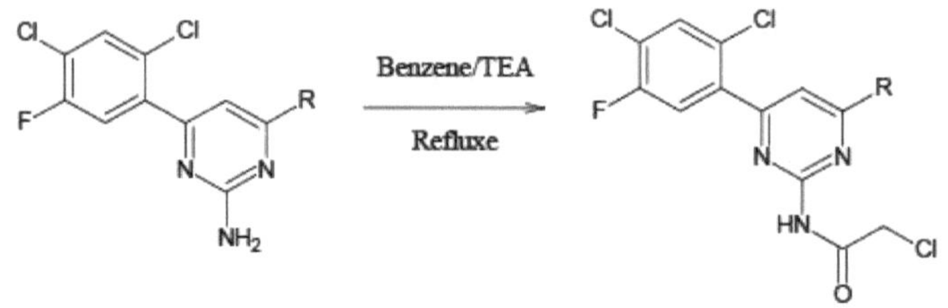

Referências

1. Trivede J. P., Patel V. C., Ind. J. Pharma, **1977**, 9(4), 306.
2. Patanaik J. M., Bhatta D., Ind. J. Chem., **1998**, 37(B) , 1304.
3. Das B., Patanaik J. M., J. Ind. Chem.Soc., **1994**, 61, 1062.
4. Kishore H. Chikhalia, Mayank J. Patel, Dhaval B. Vashi, Arkivoc, **2008**, (Xiii), 189-197.
5. Krunal V. Juddhawala, Nikhil M. Parekh, Bhaskar M. Rawak, m., Scholar research library, **2011**, 3(5), 540-548.
6. Amjad M. Qandil, Mohammad A. Hassan, Nizar A. Al-shari, Arch. Pharm. Chem. Life Sci., **2008**, 341, 99-112.
7. Ronald C. Griffith, Robert. J. Gentile, Roger C. Robichaud, Jerry Frankenheim, J. Med. Chem., **1984**, 27, 995-1003.
8. William J. Moore et al., J. Med. Chem., **2009**, 52, 105-116.
9. Mensonides-Harsema. M.M., Liao. Y., Bottcher. H., Bartoszyk. G. D., Greiner. H. F., Harting. J., De Boer. P., Wikstrom. H. V., J. Med. Chem., **2000**, 43, 432-439.
10. Mohamed A. Metwally, Amiva Metwally, Ebrahim Abdel-Galil, Fathy A. Amer, Monatshefte fur Chemie, **2008**, 139, 35-42.
11. Pattan S. R., Dighe N. S., Nirma S. A., Merekar A. N., Lawave R. B., Shinde H. V., Musmade D. S., Asian J. Research Chem, **2009**, 2(2), 196-200.
12. Mensonides-Harsema M. M., Wikstrom H. V., J. Med. Chem., **2000**, 43, 432.
13. Cliffe I. A., Mansell H. L., Eur. Pat., **1993**, 0512755 A2.
14. Xun. LI., Qing. Ping. Hu., Xue. Gui. Cui., Dong. Hua. WANG., Chenese Chemical Letters, **2004**, 15, 1400-1402.
15. Katke S. A., Amrutkar S. V., Bhor R. J., International Journal of Pharma Sceinces and Research, **2011**, 2(7), 148-156.
16. Chikhaliya K. H., Naik T. A., E-Journal. Chem., **2007**, 4, 60-66.

Química dos derivados de 1,3,4-oxadiazóis

O 1,3,4-oxadiazol é um composto heterocíclico biologicamente ativo, sinteticamente útil e importante. Por estas razões, a química do 1,3,4-oxadiazol tem sido objeto de muitas investigações.

Nenhum nome trivial do anel 1,3,4-oxadiazol, como "azoxima" (para o 1,2,4- oxadiazol) ou "furazan" (para o 1,2,5-oxadiazol), foi aceite e, como consequência, a literatura é amaldiçoada com uma multiplicidade de nomes para este núcleo. Entre estes encontram-se "oxbiazol", "diazoxol", "furo [b bl] diazol" e "biazol". O nome sistemático 1,3,4-oxadiazol tornou-se gradualmente predominante.

O 1,3,4-oxadiazol (I) é uma molécula aromática neutra termicamente estável.[1] Outros sistemas aromáticos são os catiões 1,3,4-oxadiazólio (II) e os mesoiónicos exocíclicos conjugados 1,3,4-oxadiazóis (III) e 1,3,4-oxadiazolinas (IV). Também conhecidos como derivados dos sistemas reduzidos não aromáticos, 2,3-dihidro-1,3,4-oxadiazol (Δ^2-1,3,4- oxadiazolina; V), 2,5-dihidro-1,3,4-oxadiazol (Δ^3-1,3,4-oxadiazóis; VII). A literatura anterior a 1965 é objeto de uma revisão exaustiva[2] e estão disponíveis outras revisões úteis[3,4].

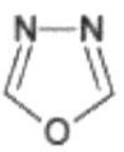
(I)

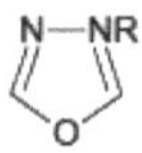
(II)

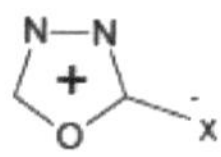
(III)
X = O, S, NR

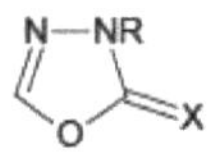
(IV)
X = O, S, NR

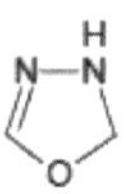
(V)

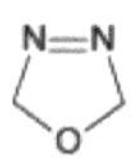
(VI)

(VII)

Em geral, o anel 1,3,4-oxadiazol é muito estável ao calor, mas um pouco menos aos reagentes químicos. É indiscutivelmente aromático; a sua energia de ressonância foi estimada em 40 quilocalorias por mole.[5] As frequências Raman e infravermelha foram inferidas.[6] As tentativas de reduzir o anel a formas hidrofóbicas não foram bem sucedidas[7], embora alguns dos anéis reduzidos tenham sido obtidos por outros métodos.

Síntese:

A maioria dos 1,3,4-oxadiazóis é melhor obtida por síntese a partir de precursores acíclicos. Esta reação é principalmente uma ciclização de "ligação dupla". Por conveniência, as ciclizações de intermediários podem ser isoladas. Descrevem-se algumas vias secundárias de obtenção de 1,3,4-oxadiazóis.

Síntese de anéis:

[A] Ciclização com a formação de uma ligação:

O único modo comum de ciclização é a formação da ligação O-C (2) (VIII), geralmente por ataque nucleofílico do oxigénio carbonílico de um grupo amida no átomo de carbono que se torna C-2 no anel 1,3,4-oxadiazol.

(VIII)

(i) De 1,2-diacil-hidrazinas e compostos relacionados:

A via mais comum para a obtenção de 2,5-dialquil-2-alquil-5-aril e 2,5-diaril-1,3,4-oxadiazóis (X) é a ciclização térmica ou catalisada por ácido de 1,2- diacil-hidrazinas (IX). O método pode também ser utilizado para oxadiazóis monossubstituídos (X; R1=H) e ésteres (X; R2=CO2R).[8]

(ii) A partir de acil-hidrazonas:

As acil-hidrazonas substituídas (XI), anteriormente derivados de 1,2-diacil-hidrazinas (IX), também ciclam em oxadiazóis (X), com perda de HX. Os éteres de imidol (XI; R2 = H), preparados a partir de acil-hidrazinas R1CONHNH2 e de ésteres orto HC(OR)3, ciclizam por aquecimento em oxadizóis monossubstituídos (X; R1 = H). Esta reação é uma síntese importante de 1,3,4-oxadizóis monossubstituídos, geralmente com ortoformato de etilo como éster orto e tem sido utilizada para preparar o 1,3,4- oxadiazol parental (X; R1 = R2 = H).[9] Obtêm-se 2,5-dissubstituídos de 1,3,4-oxadiazóis utilizando ésteres orto R1C(OR2) = NH2Cl. Uma reação semelhante entre a cilidrazina R1CONHNH2 e o monotionemalonato de dimetilo produz oxadiazóis (X; R2 = CH2CO2Me) através de éteres imido (XI; R1 = Me, R2 = CH2CO2Me).[10]

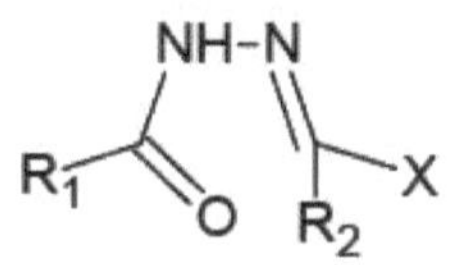

(XI) X = OR

[B] Ciclização com formação de duas ligações:

Uma preparação útil de 5-ariloxadiazolinas (XIII-a) é a reação de acil-hidrazinas (XII-a) com aldeídos aromáticos.[11] Tratamento de acil-hidrazinas (XII-a) [12]
com ortoformato de etilo produz 5-etoxi-oxadiazolinas (XIII-b).

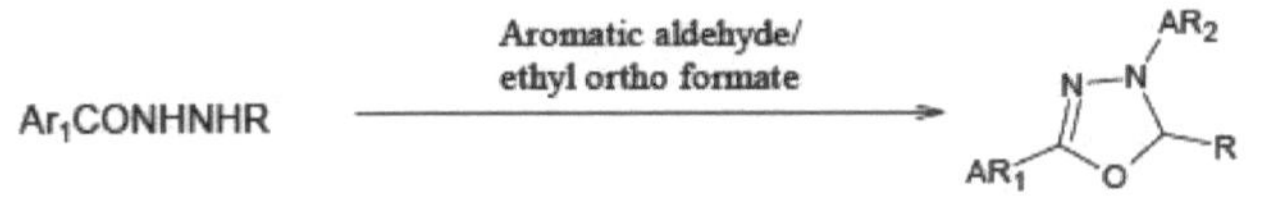

(XII-a), R = Ar$_2$

(XII-b), R = H

(XIII-a), R = aryl

(XIII-b), R = OEt

Aldeído aromático/formato de etilo e orto

[C]Ciclização com a formação de três ligações:

Dos poucos exemplos de síntese de 1,3,4-oxadiazóis a partir de três emponetes, o mais importante é a preparação de oxadiazolidinas (XIV) a partir de hidrazinas R1NHNHR1 e aldeídos R2CHO. As tetrahidro-s-tetrazinas são normalmente formadas como subprodutos.[13] Os melhores resultados são obtidos utilizando um agente desidratante suave como o sulfato de magnésio[14] ou um crivo molecular.[15]

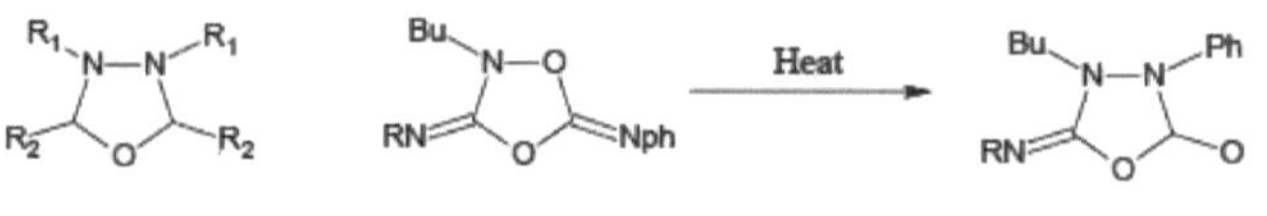

(XIV) (XV) (XIV)

R = Bu or Pr

2-Metil-2-nitrosopropano, isocianeto de alquilo RNC e isocianato de fenilo, obtendo-se um aduto 1:1:1 (XV) que, após aquecimento a 80°C, se rearranja em oxadizolidina (XVI).[16]

Referências

1. Ainsworth C., J. Am. Chem. Soc., **1965**, 87, 5800.
2. Hetzheim A., Mockel K., Adv. Heter. Chem., **1966**, 7, 183.
3. Sherman W. R., Chem. Heter. Compd., Wiley, Nova Iorque, **1961**, 7.525.
4. Behr L. C., Chem. Heter. Compd., Wiley, Nova Iorque, **1962**, 17, 263.
5. Milone, Muller, Gazz. Chim. Ital., **1935**, 65, 241.
6. Borell.a, Nocilla, Gazz. Chim. Ital., **1954**, 84, 435.
7. Stolle, J. Prak. Chem., **1903**, 68, 417.
8. Boesch R., Ger. Offer., **1978**, 2808842, C. A., **1979**, 90, 23060.
9. Ainsworth C., J. Am. Chem. Soc., **1965**, 87, 5802.
10. Raap R., Can. J. Chem., **1968**, 46(V), 2255.
11. Peselce K., J. Chem., **1981**, 20, 182.
12. Scherowsky G., Kundu B., Tetrahydron Lett., **1972**, 3469.
13. Zinner G., Kilwing W., Arch. Pharm. (Weinheim, Alemanha), **1973**, 306.134.
14. Zwanenburg B., Weening W. E., Red. Trav. Chim. Pays-Bas, **1964**, 83(V), 877.
15. Zinner G., Krause T., Chem.-Ztg., **1977**, 101, 301.
16. Wilkerson C. J., Greene F. D., J. Org. Chem., **1975**, 40(V), 3112

Química da s-triazina

As três classes de triazinas simples são teoricamente possíveis. Estas são a 1:2:3-triazina (vicinal ou vic-triazina) (I), a 1:2:4-triazina (assimétrica ou As-triazina, por vezes chamada "isotriazina") (II) e a 1:3:5-triazina (simétrica ou s-triazina, por vezes chamada "cianideno") (III)

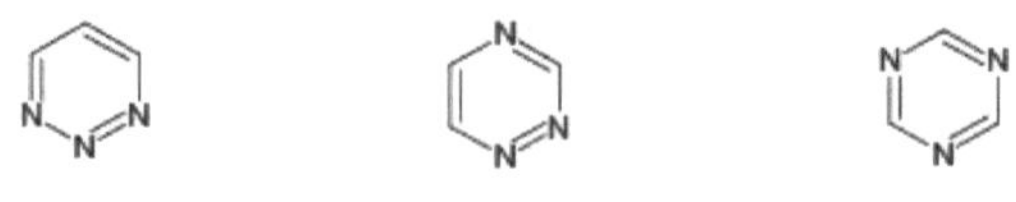

1,2,3-Triazine (Vic - triazine) (I) 1,2,4-Triazine (As - triazine) (II) 1,3,5-Triazine (s - triazine) (III)

São conhecidos compostos que podem ser referidos ao sistema monocíclico (II) e (III), mas as 1,2,3-triazinas são conhecidas apenas em sistemas condensados, como as 1,2,3-benzotriazinas.

Métodos gerais para a preparação de s-triazina

A 1,3,5-triazina e muitos dos seus derivados são conhecidos e são conhecidos vários métodos de preparação.

1. Por trimerização do composto de fórmula geral XCN. Esta é uma fórmula muito geral reação, em que X pode ser H, halogéneo, alquilo, arilo, amino, hidroxilo, etc.

2. Por ciclização de biguanidinas e compostos afins[2-4]

Biguanidine

3. Por reação de amidinas ou nitrilos com anidrido ácido e cloretos ácidos.

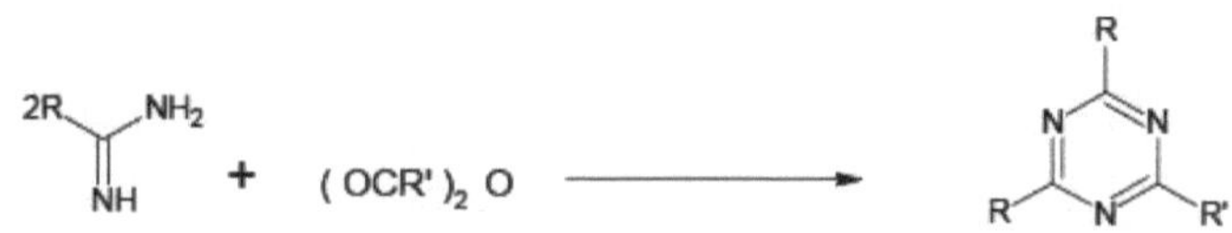

4. Vários métodos para a síntese de derivados de s-triazina foram revistos por Smolin & Rappeport[1], Modest[5] SN hoggarth[6].
5. O coreto cianúrico ou 2,4,6-Tricloro-Triazina foi preparado em 1828 por Serullas[7], que o obteve por ação do cloreto sobre o ácido cianídrico anidro sob a luz direta do sol.

As 1,3,5-triazinas são substâncias cristalinas estáveis. O anel pode ser quebrado por aquecimento prolongado com ácido ou por aquecimento com álcool e cloreto de amónio[8].

O heterociclo de seis membros constituído por três átomos de azoto e três átomos de carbono alternadamente localizados no anel é conhecido como sistema de anel simétrico da triazina (s-triazina)[9] (V), Este heterociclo é normalmente abreviado como s-triazina (ou syn-triazina), embora a designação 1,3,5-triazina seja comum.

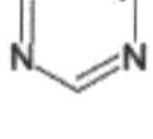

(V)

Referências

1. Smolin R. M., Interscience publishers, Inc., Nova Iorque, **1959**.
2. J. Org. Chem., **1995**, 60, 8428-8430.
3. Shie J. J., Fang J. M., J. Org. Chem., **2007**, 72, 3141-3144.
4. Oudir S., Rigo B., Henichart J. P., Gautret P., Synthesis, **2006**, 2845-2848.
5. Modest E. J., "Heterocyclic Compound" Ed., R. C. Elderfield, John Wiley and Sons, Inc. (Nova Iorque) Londres, **1961**, 7, 627.
6. Hohharth E., "Chemistry of carbon Compounds" (E. H. Rodel, Ed.) Sievier, Amsterdam, **1960**, Ivc, 1568.
7. Serullas A., Ann. Chim. Phys., **1828**, 38, 379.
8. Grundmann C., Ratz R., J.Org. Chem., **1956**, 21, 1037.
9. Patterson, Cappella, Walker, "The Ring Index" 2nd Edn, Am. Chem. Soc., Washington DC, Nova Iorque, **1960**, 27.

Capítulo - III

ESQUEMA- 1

Síntese dos compostos nos esquemas seguintes e sua caraterização:

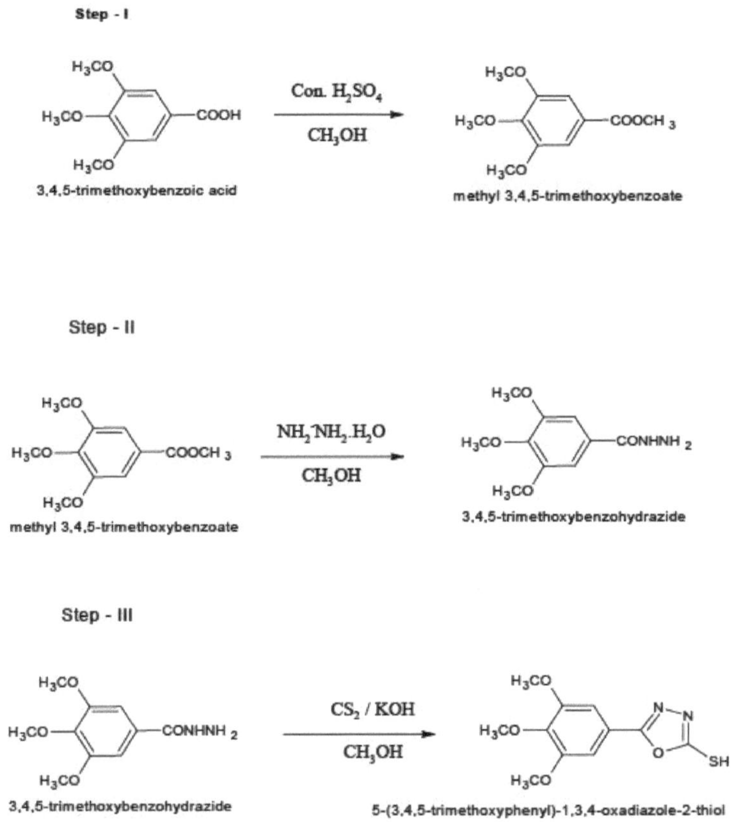

Step - IV

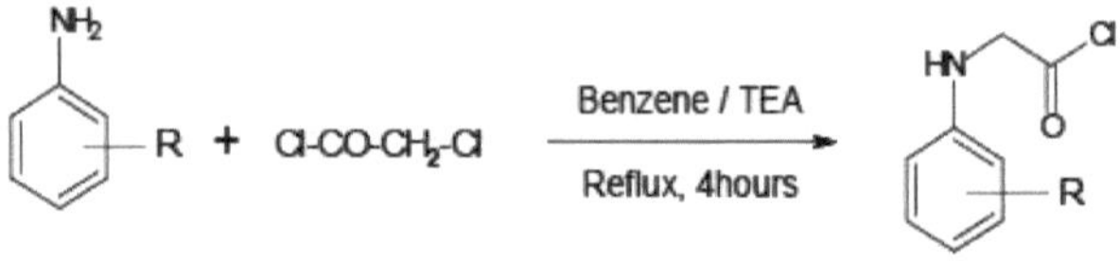

Step - V

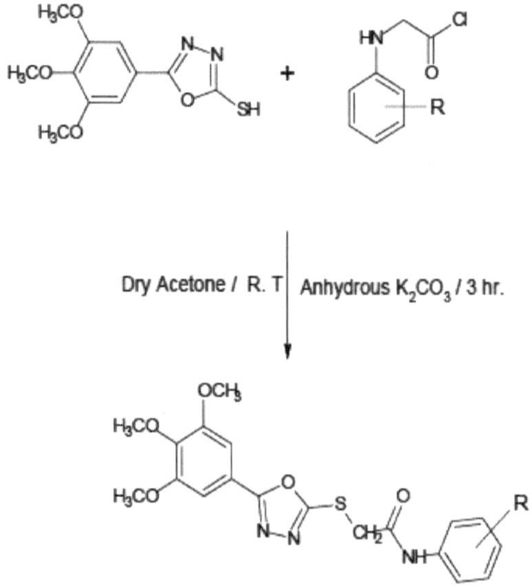

Em que R= Diferentes substituições de arilos Aminas:

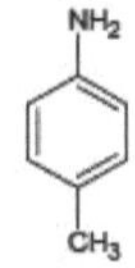

A-1

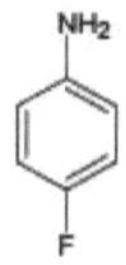

A-2

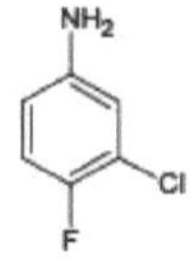

A-3

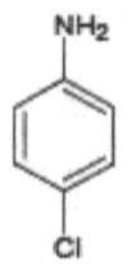

A-4

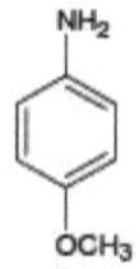

A-5

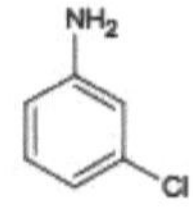

A-6

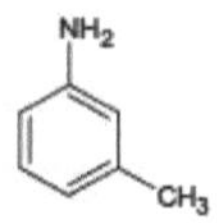

A-7

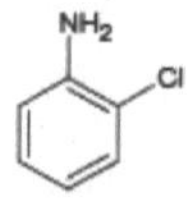

A-8

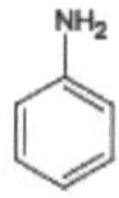

A-9

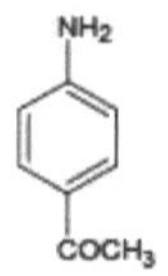

A-10

Scheme – 1

Procedimento geral para a síntese do 2-(3,4,5-trimetoxifenil)-5-{(1-arilamino)-2-oxoetil}-mercapto-1,3,4-oxadiazol:

Etapa - I: Síntese do 3,4,5-trimetoxibenzoato de metilo:

O ácido 3,4,5-trimetoxibenzóico (0,1 mol) em 200 ml de metanol e 5,0 ml de ácido sulfúrico foi refluxado durante 12 horas e vertido em gelo. O produto foi filtrado e lavado com água fria. Recristalizado a partir de álcool. O progresso da reação foi monitorizado por TLC usando tolueno : acetona (8:2) como eluente.

P.M. = 82-83^{0}C

Etapa - II: Síntese da 3,4,5-trimetoxi-benzohidrazida:

Uma mistura de 3,4,5-trimetoxibenzoato de metilo (0,1 mol) e hidrato de hidrazina (0,2 mol) em metanol foi aquecida durante 14 horas e vertida em gelo. O produto foi filtrado e lavado com água fria. Cristalizou-se a partir de etanol. O progresso da reação foi monitorizado por TLC utilizando tolueno : acetona (8:2) como eluente.

M.P = 156-160°C

Etapa - III: Síntese do 5-(3,4,5-trimetoxifenil)-1,3,4 oxadiazol-2-tiol.

A mistura de 3,4,5-Trimetoxi-benzohidrazida (0,1 mol), CS2 (0,1 mol) e solução de KOH (0,05 mol) em metanol (82 ml) foi refluxada durante 8 a 10 horas. Após a conclusão da reação, a mistura resultante foi vertida em gelo picado. O produto foi filtrado, lavado com água e recristalizado a partir de álcool. O progresso da reação foi monitorizado por TLC utilizando tolueno : acetona (7:3) como eluente.

P.M. = 182-184°C

Etapa - IV: Síntese de 2-cloro-N-(aril)-acetamidas:

Em benzeno (30,0 ml), adicionou-se cloreto de cloroacetilo (0,02 mol) e 4-6 gotas de trietilamina, tendo a mistura sido agitada num banho de gelo. A solução de aril amina (0,02 mol) em benzeno (30,0 ml) foi adicionada gota a gota e refluxada durante 4 horas, tendo a mistura reacional sido arrefecida à temperatura ambiente. Os ppt. resultantes foram filtrados e lavados com benzeno e purificados por recristalização a partir de álcool.

Etapa - V: Síntese do 2-(3,4,5-Trimetoxifenil)-5-{(1-arilamino)-2-oxoetil}- mercapto-1,3,4-oxadiazol:

Uma mistura de 2-cloro-N-(aril)-acetamida (0,01 mol), 5-(3,4,5-trimetoxifenil)-1,3,4 oxadiazol-2-tiol (0,01 mol) em 30 ml de acetona seca e K2CO3 anidro (0,02 mol) foi agitada durante 3 horas à temperatura ambiente e vertida em gelo. O produto foi filtrado e lavado com água fria. Recristalizado a partir de álcool. O progresso da reação foi monitorizado por TLC utilizando tolueno : acetona (8.:2) como eluente.

Tabela-1: Constantes físicas e análise elementar do 2-(3,4,5-trimetoxifenil)-5-{(l-arilamino)-2-xoetil}-mercapto-l,3,4-oxadiazol:

N.º Sr.	Composto	Fórmula molecular	M.W.	Aparência	M.P. (°C)	Valor Rf	% de rendimento	% de carbono encontrado (Calc.)	% de hidrogénio encontrado (Calc.)	% de azoto encontrado (Calc.)
1	Ai	$C_{20}H_{21}N_3O_5S$	415	Verde	140-142	0.56	87	57.82 (57.78)	5.09 (5.07)	10.11 (10.06)
2	A_2	$C_{19}H_{18}FN_3O_5S$	419	Branco	84-86	0.51	85	54.41 (54.36)	4.33 (4.29)	10.02 (10.00)
3	A3	$CI_9H_{17}FC1N_3O_5S$	453.5	Branco	105-107	0.42	79	50.28 (50.22)	3.78 (3.71)	9.26 (9.23)
4	A4	$C_{19}H_{18}C1N_3O_5S$	435.5	Branco	95-97	0.55	78	52.35 (52.28)	4.16 (4.08)	9.64 (9.56)
5	A5	$C_{20}H_{21}N_3O_6S$	431	Castanho claro	99-101	0.63	75	51.45 (51.37)	4.53 (4.45)	9.00 (8.96)
6	Ag	$CI_9H_{18}C1N_3O_5S$	435.5	Branco	149-151	0.46	81	52.35 (52.26)	4.16 (4.12)	9.64 (9.59)
7	A_7	$C_{20}H_{21}N_3O_5S$	415	Castanho claro	164-166	0.61	79	57.82 (57.77)	5.09 (5.02)	10.11 (10.04)
8	A§	$CI_9H_{18}C1N_3O_5S$	435.5	Branco	103-105	0.52	78	52.35 (52.29)	4.16 (4.11)	9.64 (9.55)
9	A_9	$C_{19}H_{19}N_3O_5S$	401	Branco	83-85	0.64	82	56.85 (56.76)	4.77 (4.72)	10.47 (10.43)
10	AIO	$Ci_9H_{18}BrN_3O_5S$	480	Amarelo-limão	154-156	0.51	72	56.87 (56.80)	4.77 (4.71)	9.48 (9.45)

<u>**REGIME - 2**</u>

Síntese dos compostos nos esquemas seguintes e respectiva caraterização:

Step - I

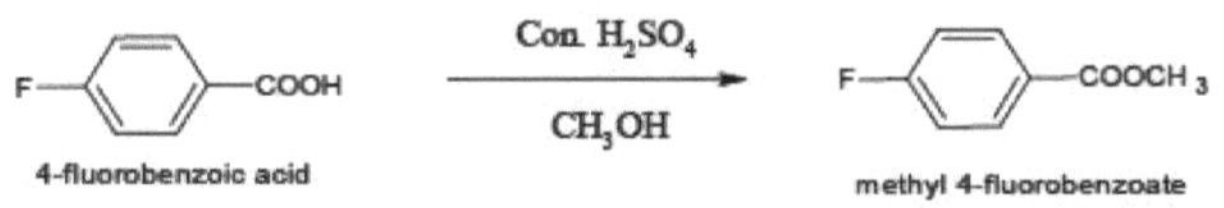

Step - II

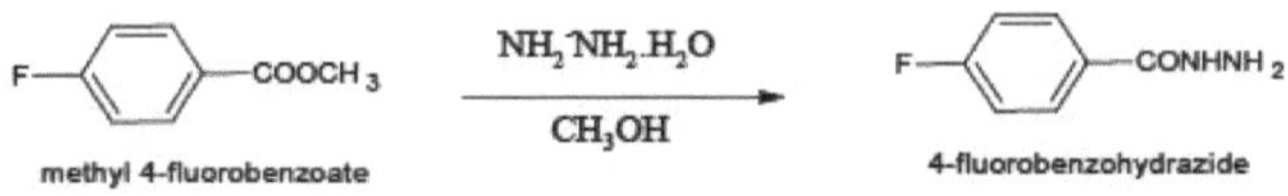

Step - III

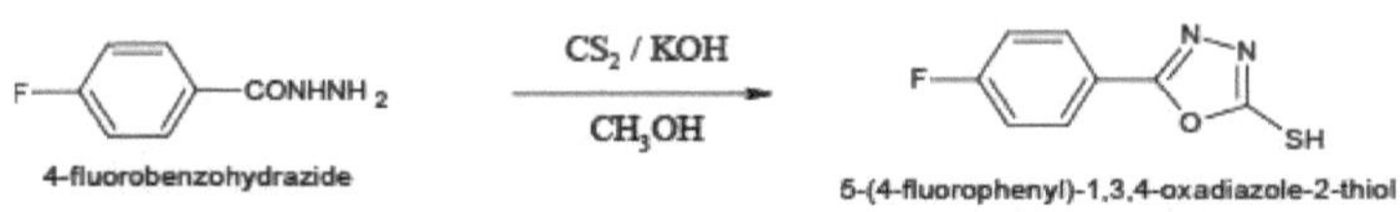

Step - IV

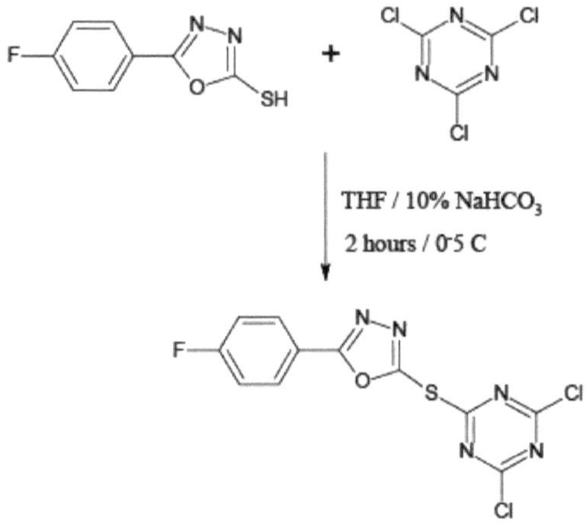

Step - V

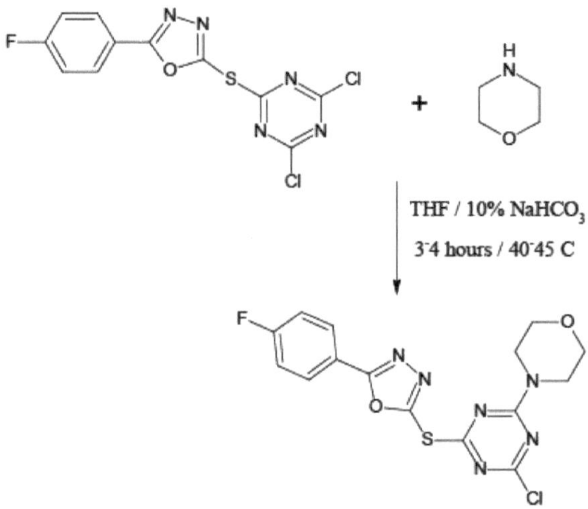

Step - VI

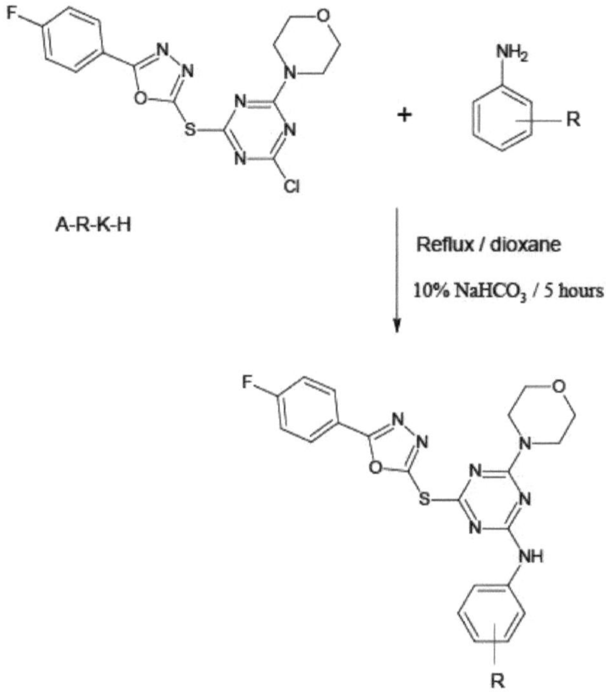

Em que R = Várias substituições de aril aminas:

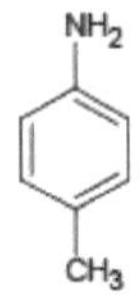

H-1

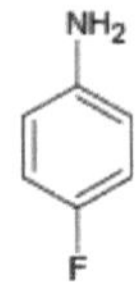

H-2

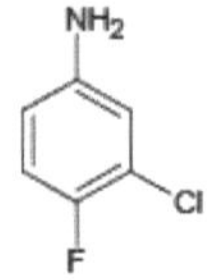

H-3

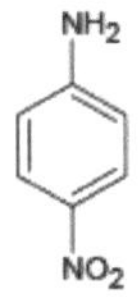

H-4

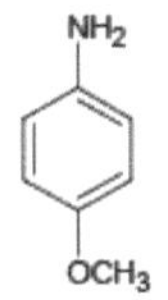

H-5

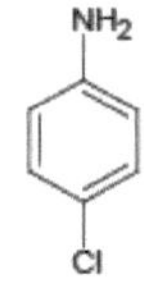

H-6

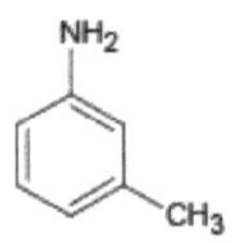

H-7

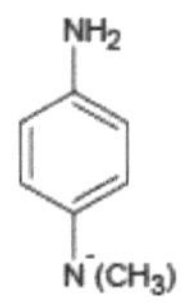

H-8

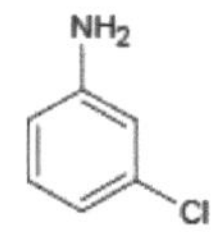

H-9

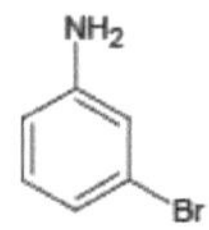

H-10

Procedimento geral para a síntese de 2-(4-fluorofenil-1,3,4-oxadiazol-2-il-5-sulfanil)-4-(morfolino)-6-(arilamino)-s-triazina:

Etapa - I: Síntese do 4-fluoro benzoato de metilo:

O ácido p-fluoro benzoico (0,1 mol) em 200 ml de metanol e 5,0 ml de ácido sulfúrico foi refluxado durante 12 horas. O excesso de solvente foi destilado e o produto recolhido. Recristalizado a partir de álcool. O progresso da reação foi monitorizado por TLC usando tolueno : acetona (8:2) como eluente.

B.P = 109-110^{0}C

Etapa - II: Síntese da 4-fluoro benzohidrazida:

Uma mistura de éster metílico de 4-fluoro benzoato (0,1 mol) e hidrato de hidrazina (0,2 mol) em metanol foi aquecida durante 14 horas e vertida em gelo. O produto foi filtrado e lavado com água fria. Cristalizou-se a partir de etanol. O progresso da reação foi monitorizado por TLC usando tolueno . acetona (8.2) como eluente.

P.M. = 161-165°C

Etapa - III: Síntese do 5-(4-fluorofenil)-1,3,4-oxadiazol-2-tiol:

A mistura de 4-fluoro benzohidrazida (0,1 mol), CS2 (0,1 mol) e solução de KOH (0,05 mol) em metanol (82 ml) foi refluxada durante 8 a 10 horas. Após a conclusão da reação, a mistura resultante foi vertida em gelo picado. O produto foi filtrado, lavado com água e recristalizado a partir de álcool. O progresso da reação foi monitorizado por TLC utilizando tolueno : acetona (7:3) como eluente.

M.P = 195-200°C

Etapa - IV: Síntese de 2-(4-fluorofenil-1,3,4-oxadiazol-2-il-5-sulfanil)-4,6-dicloro-s-triazina:

A uma solução agitada de cloreto cianúrico (0,1 mol) em THF 100 ml a 0-5°c, adicionou-se gota a gota a solução de 5-(4-fluorofenil)-1,3,4-oxadiazol-2-tiol (0,1 mol) em THF (100 ml) e o pH foi mantido neutro pela adição de uma solução de NaHCO3 a 10%. A agitação foi mantida a 0-5°C durante 2 horas. Após a conclusão da reação, a agitação foi interrompida e a solução foi tratada com gelo picado. O produto sólido obtido foi filtrado e seco. O progresso da reação foi monitorizado por TLC utilizando acetato de etilo . hexano (6.4) como eluente. O produto em bruto foi purificado por cristalização em álcool absoluto.

P.M. = 120-125°C

Etapa - V: Síntese de 2-(4-fluorofenil-1,3,4-oxadiazol-2-il-5-sulfanil)--4- (morfolino)-6-cloro- s-triazina:

A solução de morfolina (0,1 mol) em THF (100 ml) foi adicionada gota a gota a uma suspensão bem agitada de 2-(4-fluorofenil-1,3,4-oxadiazol-2-il-5-sulfanil)-4,6-dicloro-s-triazina. (0,1 mol) em THF (100 ml) mantendo a temperatura de 40°C, o pH foi mantido neutro pela adição de solução de NaHCO3 a 10%. A temperatura foi gradualmente aumentada para 45°C durante 2 horas e mantida durante mais 2 horas. Após a conclusão da reação, a solução foi vertida em água gelada. O produto sólido foi filtrado e seco. O produto em bruto foi purificado por recristalização a partir de álcool absoluto.

M.P = 210-214°C

Etapa - VI: Síntese de 2-(4-fluorofenil-1,3,4-oxadiazol-2-il-5-sulfanil)-4- (morfolino)-6-(arilamino)-s-triazina:

Uma mistura de 2-(4-fluorofenil-1,3,4-oxadiazol-2-il-5-sulfanil)-4-(morfolino)-6- cloro-s-triazina (0,005 mol) e aril amina (0,005 mol) em dioxano (50,0 ml) foi refluxada em aquecimento mental com agitação a 100-110°C durante 5 horas. O pH foi ajustado para neutro por adição de uma solução de NaHCO3 a 10 %. Após a conclusão da reação, o conteúdo foi adicionado a água gelada. O produto foi filtrado e seco. O progresso da reação foi monitorizado por TLC utilizando como eluente etilacetato . hexano (4.6).

Tabela-2: Propriedades físicas da 2-(4-fluorofeiil-l,3,4-oxadiazol-2-il-5-sulfaiiil)-4-(morfoliiio)-6-(arilamino)-s-triazina:

N.º Sr.	Composto	Molecular Fórmula	M. W.	Aparência	M.P. (°C)	Rf Valor	% Rendimento	% de Carbono Calc. (Encontrado)	% de hidrogénio Calc. (Encontrado)	% de azoto Calc. (Encontrado)
1	H!	$C_{22}H_{20}FN_7O_2S$	465.5	Amarelo pálido	149-151	0.58	80	56,76 (56.68)	4,33 (4.30)	21,06 (21.02)
2	H_2	$C_{22}H_{17}F_2N_7O_2S$	469.4	Branco	176-178	0.55	81	53,73 (53.66)	3,65 (3.61)	20,88 (20.81)
3	H_3	$C_{21}H_{16}F_2ClN_7O_2S$	503.9	Branco	165-167	0.62	75	50,03 (50.00)	3,20 (3.15)	19,46 (19.42)

4	H_4	$C_{21}H_{17}FN_8O_4S$	496.4	Branco	231-233	0.54	72	50,80 (50.74)	3,57 (3.52)	22,57 (22.52)
5	H_5	$C_{22}H_{20}FN_7O_3S$	481.5	Castanho claro	188-190	0.65	68	54,88 (54.83)	4,19 (4.11)	20,36 (20.29)
6	H_6	$C_{21}H_{17}FClN_7O_2S$	485.9	Branco	163-165	0.56	69	51,91 (51.86)	3,53 (3.47)	20,18 (20.13)
7	H_7	$C_{22}H_{20}FN_7O_2S$	465.5	Verde claro	198-200	0.59	78	56,76 (56.71)	4,33 (4.29)	21,06 (21.02)
8	H_8	$C_{21}H_{17}FN_7O_2S$	494.5	Branco	231-233	0.65	72	55,86 (55.81)	4,69 (4.62)	22,66 (22.57)
9	H_9	$C_{21}H_{17}FClN_7O_2S$	485.5	Branco	183-185	0.62	70	51,91 (51.84)	3,03 (2.96)	20,18 (20.14)
10	H_{10}	$C_{2i}H_{17}FBrN_7O_2S$	530.7	Amarelo claro	209-211	0.54	65	47,56 (47.48)	3,23 (3.17)	18,49 (18.44)

Tabela-1: Dados espectrais de IR de N-(4-methylphenyl)-2-{[5-(3,4,5-trimetoxifenil)-1,3,4-oxadiazol-2-il]sulfanil}acetamida:

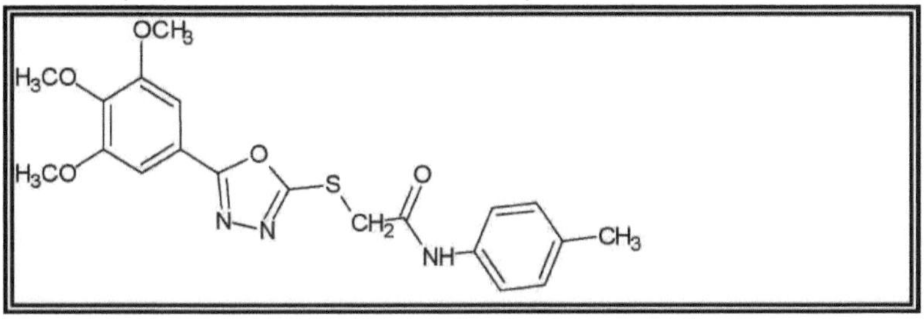

IV (KBr)

1271 cm^{-1} - (<C=O - Streching in oxadiazole)
1539 cm^{-1} - (<C=N - Streching in oxadiazole)
1560 cm^{-1} - (-NH- deformação na amida)
1654 cm^{-1} - (<C=O - Alongamento na amida)
3298 cm^{-1} - (-NH- Alongamento na amida)
1238 cm^{-1} - (-C-O-C Alongamento (assimétrico) em éter alcanílico)
1006 cm^{-1} - (-C-O-C Alongamento (sim.) em éter alcanílico)
2835 cm^{-1} - (-C-H- Alongamento em meteleno)
1595 cm^{-1} - (-S-C=O- Alongamento na ligação de tioéter)
1396 cm^{-1} - (-C-CH_3- Alongamento no anel aromático)

Figura-1: Espectro de IV do acetam ide 7V-(4-metilfenil)-2-{[5-(3,4,5-trimetoxifenil)-!, 3,4-oxadiazol-2- y 1] sulfanil} :

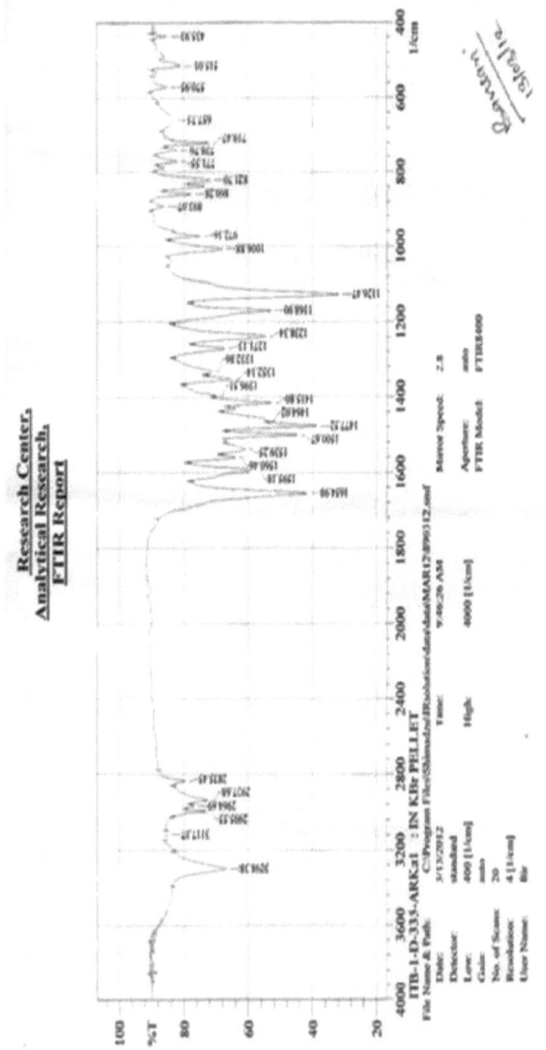

Tabela-2: Dados espectrais de RMN ^{1}H da N-(4-metilfenil)-2-{[5-(3,4,5-trimetoxifenil)-1,3,4-oxadiazol-2-il]sulfanil}acetamida:

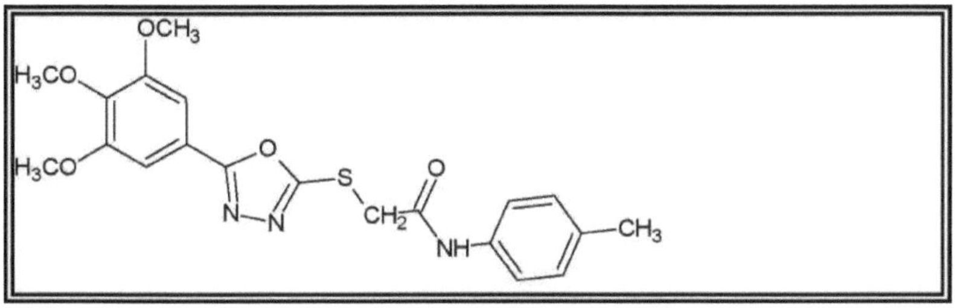

A-R-K-A-1

Sinal n.º.	Posição do sinal (δ ppm)	N.º relativo de protões	Multiplicidade	Inferência
1.	2.31	3H	singlet	**-CH3**
2.	3.92-3.95	9H	singlet	**-OCH3**
3.	4.03	2H	singlet	**-CH2**
4.	7.09-7.11	2H	singlet	Ar-H
5.	7.17-7.26	2H	dupleto	Ar-H
6.	7.42-7.44	2H	dupleto	Ar-H
7.	9.16	1H	singlet	-NH

Figura-2: Espectro de RMN 'll de 7V-(4-metilfenil)-2-{[5-(3,4,5-trimetoxifenil)-l,3,4-oxadiazol-2- yl] sulfanil} Acetamida:

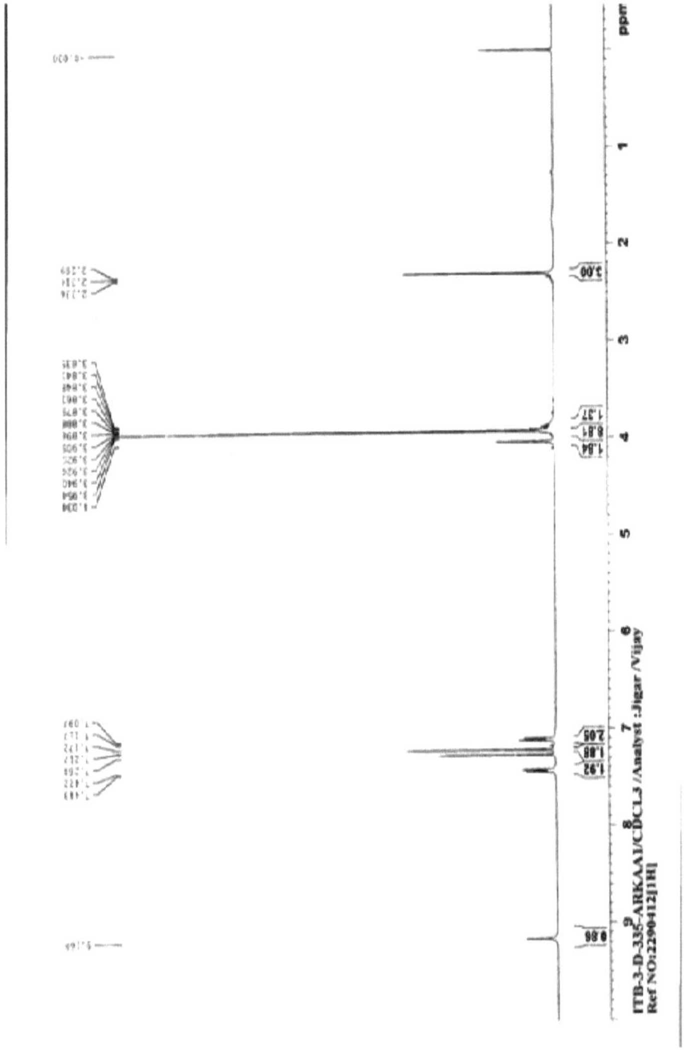

Figura 3: Espectro de massa de N-(4-metilfenil)-2-{[5-(3,4,5-trimetoxifenil)-1,3,4-oxadiazol-2-il]sulfanil}acetamida:

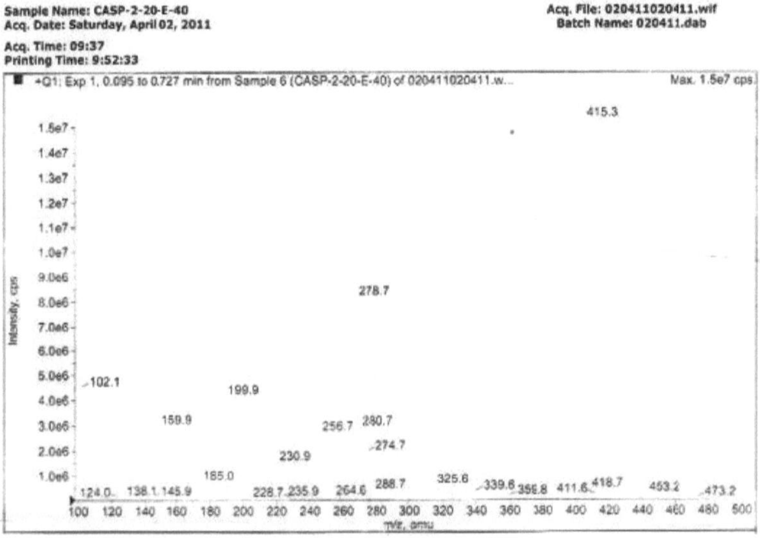

N.º Sr.	M.W	M.I	Massa (m/z)
A-1	415	C20H1N3O5S	415(M+-)

Tabela-3: Dados espectrais de IR da 2-(4-fluorofenil-1,3,4-oxadiazol-2-il-5-sulfanil)-4-(morfolino)-6-(4-metilfenil amino)-s-triazina:

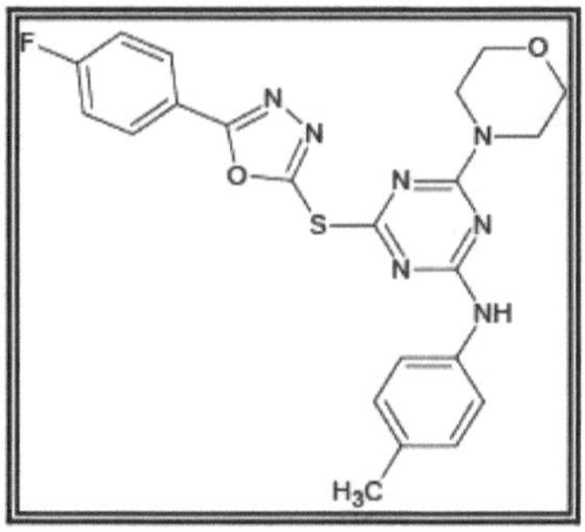

IV (KBr)

1282 cm^{-1} - (<C=O - Streching in oxadiazole)

1531 cm^{-1} - (<C=N - Streching in oxadiazole)

840 cm^{-1} - (-C=N- Streching em S- triazina)

1159 cm^{-1} - (-C-O- Streching in Morpholine)

1114 cm^{-1} - (-C-N - alongamento em morfolina)

3335 cm^{-1} - (-NH- Alongamento na amida)

1232 cm^{-1} - (-C-O-C Alongamento (assimétrico) em éter alcanílico)

1001 cm-1 - (-C-O-C Alongamento (sim.) em éter alcanílico)
2856 cm-1 - (-C-H- Alongamento em meteleno)
1388 cm-1 - (-C-CH3- Alongamento no anel aromático)

Figura-4: Espectro de IV da 2-(4-fluorofenil-1,3,4-oxadiazol- -2-il-5-sulfanil)-4-(morfolino) -6-(4-metilfenil amino)-s-triazina:

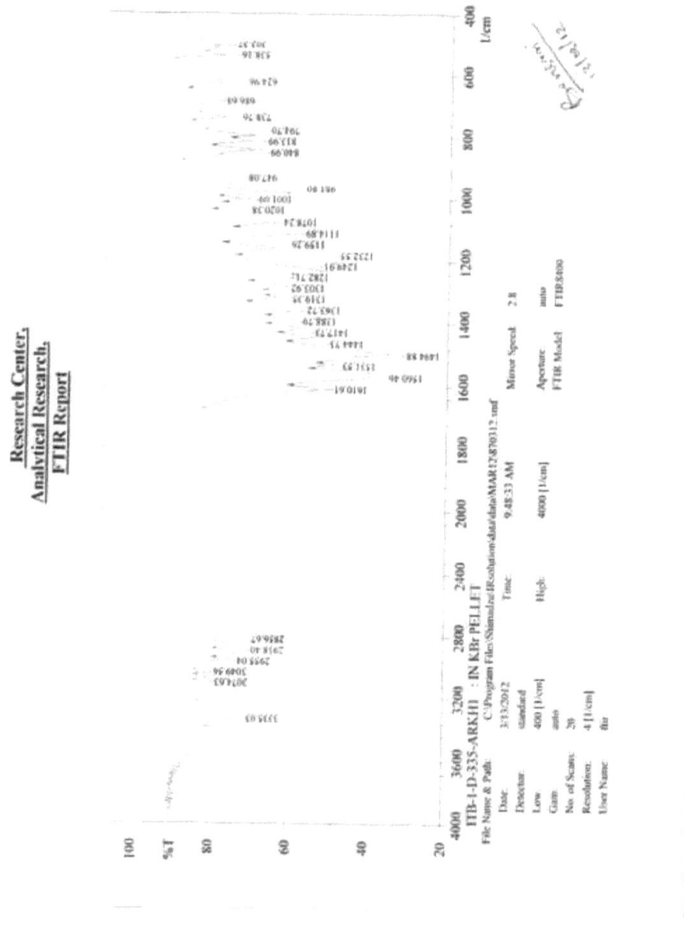

Tabela-4: Dados espectrais de RMN ^{1}H da 2-(4-fluorofenil-1,3,4-oxadiazol-2-il-5- sulfanil)-4-(morfolino)-6-(4-metilfenil amino)-s-triazina:

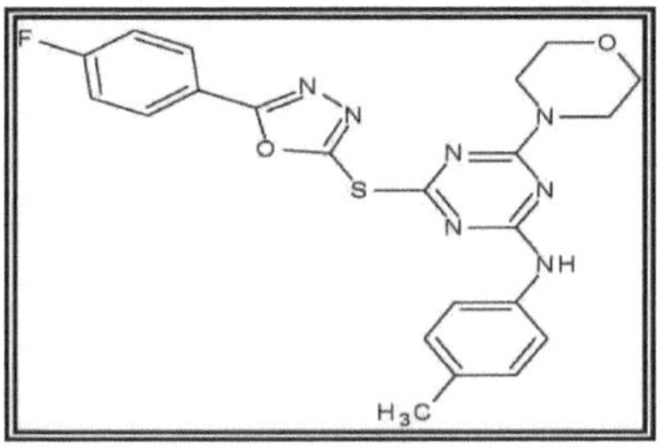

A-R-K-H-1

Sinal n.º.	Posição do sinal (δ ppm)	N.º relativo de protões	Multiplicidade	Inferência
1.	3.30-3.56	8H	múltiplo	**-CH4**
2.	2.23	3H	singlet	**-CH3**
3.	6.59	2H	dupleto	Ar-H
4.	7.03-7.09	2H	dupleto	Ar-H
5.	7.43-7.50	2H	dupleto	Ar-H
6.	8.07-8.12	2H	dupleto	Ar-H
7.	9.70	1H	singlet	-NH

Figura-5: Espectro de RMN de ^{1}H da 2-(4-fluorofenil-1,3,4-oxadiazol-2-il-5-sulfanil)-4-(morfolino)-6-(4-metilfenil amino)-s-triazina:

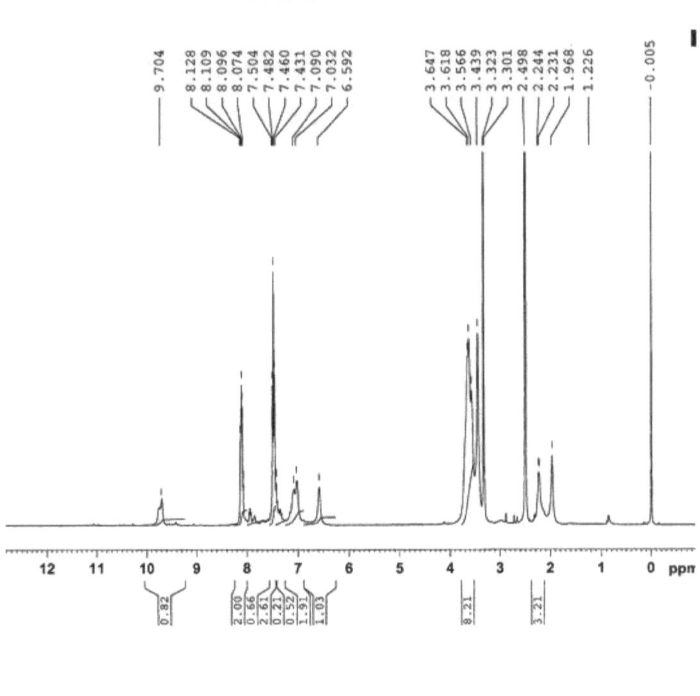

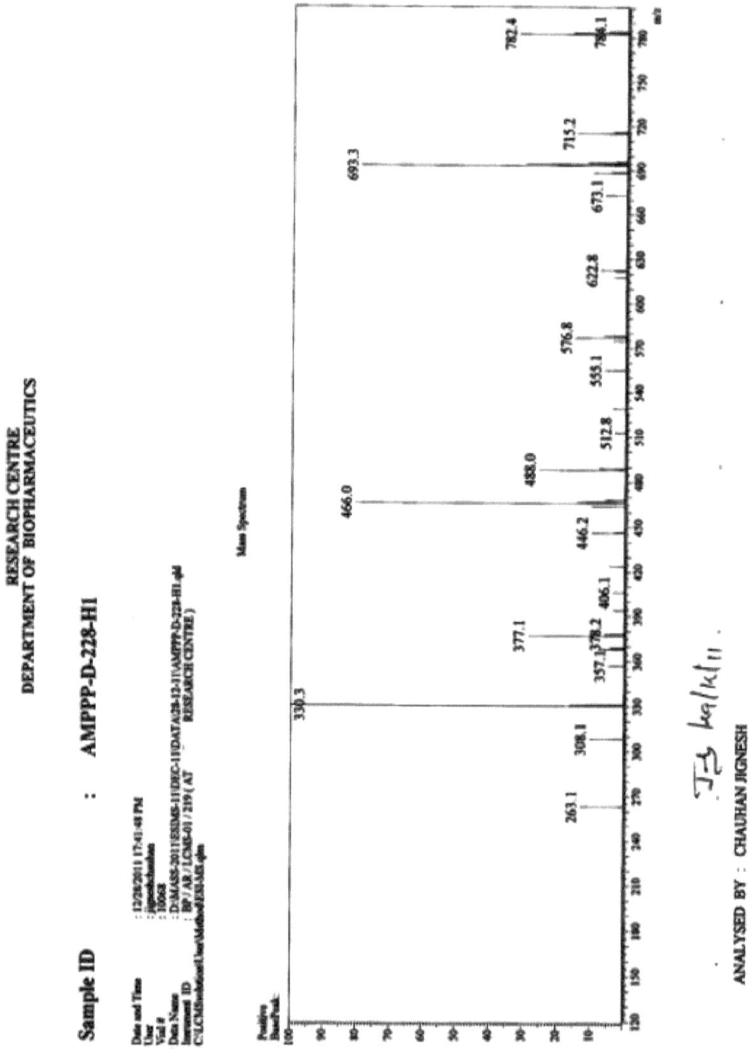

N.º Sr.	M.W	M.I	Massa (m/z)
H-1	465	C22H20FN7O2S	466(M+1)

Capítulo - V

Atividade antibacteriana dos compostos sintetizados:

Introdução:

O homem é intimamente influenciado pelas actividades dos microrganismos. Os microrganismos fazem parte da nossa vida de mais formas do que a maioria de nós compreende. Eles moldaram o nosso ambiente atual e as suas actividades influenciarão grandemente o nosso futuro. Os microrganismos não devem ser considerados separados dos seres humanos, mas têm uma profunda influência benéfica como parte da nossa vida. São utilizados no fabrico de produtos lácteos, de certos alimentos, no processamento de certos medicamentos e agentes terapêuticos, no fabrico de certos produtos químicos e de muitas outras formas.

Apesar das funções úteis estabelecidas e das actividades potencialmente valiosas dos microrganismos, estes dormitórios microscópicos da vida podem ser mais conhecidos como agentes de deterioração dos alimentos e agentes causais de doenças nos seres humanos, nomeadamente a síndrome da imunodeficiência adquirida (SIDA), o herpes, a doença do legionário, a gripe, a iterícia, a tuberculose, a febre tifoide, as dermatomicoses, a disenteria, a malária, etc., nos seres humanos. Sabe-se também que os animais [infectados com brucelose, tularemia, etc...] e as plantas [infectadas com míldio, ferrugem, carvão, cancros, manchas foliares, etc...] são vítimas de agentes patogénicos microbianos. Tanto quanto se sabe, todas as sociedades primitivas e civilizadas sofreram de doenças causadas por micróbios, frequentemente com resultados desastrosos. Além disso, os microrganismos desempenharam um papel profundo na guerra, na religião e na migração das populações.

O controlo da população microbiana é necessário para evitar a transmissão de doenças, infecções, decomposição, contaminação e deterioração por eles causadas. O conforto e a conveniência pessoais do homem dependem em grande medida do controlo da população microbiana.

Bactérias:

Em 1928, o cientista alemão C.E. Chrenberg utilizou pela primeira vez o termo "bactéria" para designar um pequeno organismo microscópico com uma forma relativamente simples e primitiva de organização celular conhecida como "procariótica".

Médico dinamarquês, com a particularidade de serem gram, as bactérias são geralmente unicelulares, por exemplo, cocos, bacilos, etc... filamentosas, por exemplo, actinomicetas, sendo algumas revestidas de certas células especializadas para a reprodução. Os microrganismos capazes de produzir doenças no hospedeiro são conhecidos como "patogénicos". A maior parte dos microrganismos presentes na pele e nas mucosas não são patogénicos e são frequentemente designados por "comensais" ou, se viverem de resíduos alimentares, como no intestino, podem ser designados por "saprófitas". Geralmente, os cocos e bacilos patogénicos são gram positivos e os cocos bacilos patogénicos são gram negativos.

Para a avaliação da atividade antibacteriana no nosso caso, utilizámos Staphylococcus aureus e Streptococcus pyogenes do grupo de bactérias gram positivas e escherichia coli e Pseudomonas aeruginosa do grupo de bactérias gram negativas.

Staphylococcus aureus

Género: Staphylococcus [Microccaceae]:

Os estafilococos diferenciam-se dos micrococos, um género da mesma família, pela sua capacidade de utilizar anaerobicamente a glucose, o manitol e o piruvato. As células dos estafilococos encontram-se geralmente na pele ou nas membranas mucosas do corpo animal, especialmente no nariz e na boca, onde ocorrem em grande número mesmo em condições normais.

Espécies: Staphylococcus aureus

As células individuais de S. aureus têm 0,8 a 0,9 micro de diâmetro. São ovóides ou esféricas, não móveis, não capsuladas, não esporuladas, coradas com corantes de anilina comuns e gram positivas, tipicamente dispostas em grupos de aglomerados irregulares como ramos de grupos encontrados no pus, individualmente ou em pares. A temperatura óptima para o crescimento é de 37°c, o pH ótimo é de 7,4 a 7,6.

Produzem pigmento amarelo dourado, que se desenvolve melhor à temperatura ambiente. Causam condições pirogénicas de formação de pus [supurativas], mastite de mulheres e vacas, furúnculos, carbúnculos, impetigo infantil, abcessos internos e intoxicação alimentar.

Escherichia coli:

Género: Escherichia [Enterobacteriaceae]:

Este género inclui escherichia e diversas variantes e são de particular interesse para o sanitarista, uma vez que ocorrem habitualmente no trato intestinal formal do homem e dos animais. A sua presença nos alimentos ou na água potável pode indicar poluição fecal. A E. coli é a espécie fecal mais conhecida.

Espécies: Escherichia coli:

A E. coli é o tipo mais importante desta espécie, que contém uma série de outros tipos. A Escherichia coli foi descoberta em 1885 nos rostos dos recém-nascidos e mostrou os organismos nos testes efectuados três dias após o nascimento. É uma bactéria comensal do ser humano e encontra-se no trato intestinal do homem e dos animais e também na água de esgotos, na terra, no solo contaminado por matérias fecais. Os bastonetes gram-negativos têm um tamanho de 2 a 4 micro por 0,4 micro, apresentam-se normalmente sob a forma de cocobacilos e raramente sob a forma de filamentos. São anaeróbios facultativos e crescem em todos os meios laboratoriais. As colónias são circulares, elevadas e lisas e emitem um odor fecal. As E. coli são geralmente não patogénicas e são incriminadas como agentes patogénicos porque, em certos casos, se verificou que algumas estirpes produziam septicemia, inflamações do fígado e da vesícula biliar, apêndice, meningite, pneumonia e outras infecções e esta espécie é um agente patogénico reconhecido no domínio veterinário.

Streptococcus pyogenes:

Género: Streptococcus:

O termo Streptococcus foi introduzido pela primeira vez por Bilroth [1874] e o termo Streptococcus pyogenes foi utilizado por Rosenbach [1884]. São células esféricas ou ovóides; dividem-se num eixo e formam cadeias; não são móveis e não esporulam. O crescimento é feito na ausência de proteínas nativas no meio; produzem alterações hemolíticas caraterísticas em meios que contêm sangue; produzem ácido apenas por fermentação de hidratos de carbono; frequentemente não conseguem liquefazer a gelatina; algumas estirpes produzem exotoxina e produtos extracelulares; algumas delas são anaeróbias.

Espécies: Streptococcus pyogenes:

O Streptococcus pyogenes é patogénico para o ser humano e encontra-se em dores de garganta, amigdalite folicular, septicemia, endocardite ulcerosa aguda ou maligna, etc. Trata-se de cocos esféricos com 0,5 a 0,75 micro de diâmetro, dispostos em cadeias moderadamente longas de cocos redondos e facilmente diferenciados dos enterococos que formam cadeias curtas de 2 a 4 esferas. O Streptococcus pyogenes é recentemente isolado da garganta ou de outras lesões; apresentam colónias mucóides ou foscas. Ao serem mantidas no laboratório, sofrem uma variação para um tipo brilhante. Os estreptococos são susceptíveis aos agentes destrutivos, à penicilina e às sulfomamidas.

Pseudomonas aeruginosa:

Género: Pseudomonas:

O género Pseudomonas é caracterizado por bastonetes gram-negativos móveis, aeróbios não esporulados, oxidase positiva, pigmento verde-azulado ou amarelado que se difunde no meio. Das 140 espécies, apenas uma é patogénica para o ser humano.

Espécies: Pseudomonas aeruginosa:

A Ps. aeruginosa ocorre como um comensal no intestino do homem e dos animais, mas quando o mecanismo de defesa do organismo é deficiente. Actua como um agente patogénico menor, produzindo feridas de suporte, otite média, peritonite, cistite, broncopneumonia e empiema. Nas crianças, provoca diarreia e septicemia. O pus produzido pela P. aeruginosa é azul-esverdeado. Trata-se de organismos gram-negativos, ativamente móveis, não esporulados, com 1,5-3 micro por 0,5 micro, com extremidades arredondadas e flagelos bipolares. Ocorrem isoladamente ou aos pares, em cadeias curtas. Crescem bem em meios normais em condições aeróbias, produzindo pigmento difusível.

Técnicas de avaliação:

* As seguintes condições devem ser satisfeitas para o rastreio da atividade antimicrobiana:
* Deve haver um contacto íntimo entre os organismos de ensaio e a substância a ser avaliado.
* "Devem ser criadas as condições necessárias para o crescimento dos microrganismos.
* "As condições devem ser as mesmas durante o estudo.
* "Deve ser mantido um ambiente assético/estéril.
* Vários métodos têm sido utilizados de tempos a tempos por diversos trabalhadores para avaliar a atividade antimicrobiana. A avaliação pode ser efectuada através dos seguintes métodos:

- Método turbidométrico.
- Método de diluição em estrias de ágar.
- Método de diluição em série.
- Método de difusão em ágar.

> As técnicas seguintes são utilizadas como método de difusão em ágar:

- Método do copo de ágar.
- Método da vala de ágar.
- Método do disco de papel.

Utilizámos o **método de diluição em caldo** para avaliar a atividade antibacteriana.

É um dos testes de suscetibilidade bacteriana in vitro não automatizados.

Este método clássico produz um resultado quantitativo para a quantidade de agentes antimicrobianos necessária para inibir o crescimento de microrganismos específicos. É efectuado em tubos.

- Método de Macrodiluição em Tubos.
- Formato de microdiluição utilizando tabuleiros de plástico.

Determinação das concentrações mínimas de inibição pelo método de diluição em micro caldo:

Materiais e métodos:

1 Todos os fármacos sintetizados foram utilizados em procedimentos de teste antibacteriano

2 Todos os controlos necessários como:

> Controlo da droga

> Controlo de veículos

> Controlo com ágar

> Controlo do organismo

> Medicamentos antibacterianos conhecidos Controlo

> Todas as culturas MTCC Foram testadas contra as culturas conhecidas e desconhecidas acima mencionadas

Medicamentos.

> O caldo Mueller Hinton foi utilizado como meio nutriente para cultivar e diluir a suspensão de fármaco para as bactérias de teste.

> O tamanho do inóculo para a estirpe de teste foi ajustado para 10^{8} UFC [Unidade Formadora de Colónias] por mililitro, comparando a turvação.

> Para o rastreio das actividades antibacteriana e antifúngica, foram utilizadas as seguintes estirpes padrão comuns: As estirpes foram adquiridas no Instituto de Tecnologia Microbiana, Chandigarh.

E. coli	***P. aeruginosa***	***aureus***	S. ***pyogenus***
MTCC 443	MTCC 1688	MTCC 96	MTCC 442

C. albicans	***A. niger***	A. ***clavatus***
MTCC 227	MTCC 282	MTCC 1323

> O DMSO foi utilizado como diluente / veículo para obter a concentração desejada de fármacos para testar em estirpes bacterianas padrão.

Concentração mínima de inibição [MIC]:

A principal vantagem do **"Método de Diluição em Caldo"** para a determinação da CIM reside no facto de poder ser facilmente convertido para determinar também a CIM.

1. Foram preparadas diluições em série para o rastreio primário e secundário.
2. O tubo de controlo que não contém antibiótico é imediatamente submetido a subcultura [antes de inoculação] espalhando uniformemente uma alça sobre um quarto de p[late] de meio adequado para o crescimento do organismo testado e colocar para incubação a 37 ^{0}C DURANTE A NOITE. Os tubos são então incubados durante a noite.
3. A CIM do organismo de controlo é lida para verificar a exatidão das concentrações do medicamento.
4. A concentração mais baixa que inibe o crescimento do organismo é registada como a CIM.
5. A quantidade de crescimento do tubo de controlo antes da incubação [que representa o inóculo original] é comparada.

Métodos utilizados para o rastreio primário e secundário:

Cada fármaco sintetizado foi diluído obtendo-se uma concentração de 2000 microgramas /ml, como solução de reserva.

Rastreio primário: No rastreio primário 1000 micro/ml, 500 micro/ml e 250 micro/ml dos fármacos sintetizados. Os fármacos sintetizados activos encontrados neste rastreio primário foram ainda testados num segundo conjunto de diluições contra todos os microrganismos.

Análise secundária: Os medicamentos considerados activos no rastreio primário foram diluídos de forma semelhante para obter 200 micro/ml, 100 micro/ml, 50 micro/ml, 25 micro/ml, 12,5 micro/ml, 6,250 micro/ml e concentrações.

Resultado da leitura:

A diluição mais elevada que apresenta pelo menos 99% de zona de inibição é considerada como CIM. O resultado é muito afetado pelo tamanho do inóculo. A mistura de teste deve conter 10^8 organismos/ml.

Fungos:

Introdução:

Calcula-se que a esperança de vida dos seres humanos tenha aumentado quase uma década desde a descoberta de agentes antimicrobianos contra infecções microbianas. Uma consequência do nosso sucesso com os agentes antibacterianos e a melhoria dos cuidados médicos é o aumento do número de infecções fúngicas.

A incidência de infecções fúngicas aumentou drasticamente nos últimos 20 anos, em parte devido ao aumento do número de pessoas cujo sistema imunitário está comprometido devido à SIDA, ao envelhecimento, ao transplante de órgãos ou à terapia do cancro. Por conseguinte, o aumento das taxas de morbilidade e mortalidade das infecções foi agora reconhecido como um problema importante. Em resposta, a indústria farmacêutica desenvolveu uma série de novos antifúngicos menos tóxicos para utilização clínica. A sua utilização crescente, muitas vezes durante um período prolongado, levou ao aumento da incidência de infecções com espécies menos comuns, com resistência intrínseca a um ou mais dos agentes antifúngicos disponíveis.

Os fungos são eucariotas não fotossintéticos que crescem quer como colónias de células individuais (leveduras) quer como agregados multicelulares filamentosos (bolores). A maioria dos fungos vive como sapróbios no solo ou em material vegetal morto e são importantes na mineralização da matéria orgânica. Alguns são patogénicos para o homem e para os animais. Os métodos in vitro utilizados para a deteção da potência antifúngica são semelhantes aos utilizados no rastreio antibacteriano. Tal como acontece com as bactérias, é fácil descobrir vários compostos sintéticos e naturais que, em quantidades mínimas, podem retardar ou impedir o crescimento de fungos.

Candida albicans:

Género: Candida

As espécies de Candida reproduzem-se através de células em brotamento semelhantes a leveduras, mas também apresentam a formação de pseudomicélio. Estes pseudomicélios são cadeias de células alongadas formadas a partir de gemas e as gemas alongam-se sem quebrar a célula-mãe. São muito frágeis e separam-se facilmente. Os micélios também se formam pelo alongamento do tubo germinativo produzido por uma célula-mãe.

Espécies: Candida albicans

A Candida albicans pode permanecer como um comensal da membrana mucosa sem causar quaisquer alterações patológicas nos tecidos mais profundos da pele. Este fungo, em condições favoráveis, pode causar micoses superficiais, intermédias ou profundas, dependendo do estado do hospedeiro.

Aspergillus niger e Aspergillus clavatus:

Género: Aspergillus

Os A. spergilli estão disseminados na natureza, sendo encontrados em frutos, vegetais e outros substratos, que podem fornecer nutrientes. Algumas espécies estão envolvidas na deterioração de alimentos. São importantes do ponto de vista económico porque são utilizados numa série de fermentações industriais, incluindo a produção de ácido cítrico e ácido glucónico. Os spergilli crescem em concentrações elevadas de açúcar e sal, o que indica que podem extrair a água necessária para o seu crescimento de substâncias relativamente secas.

Técnica de avaliação:

> As seguintes condições devem ser satisfeitas para o rastreio da atividade antimicrobiana:

* Deve haver um contacto íntimo entre os organismos de ensaio e a substância a ser avaliado.
* "Devem ser criadas as condições necessárias para o crescimento dos microrganismos.
* "As condições devem ser as mesmas durante o estudo.
* "Deve ser mantido um ambiente assético/estéril.
* Vários métodos têm sido utilizados periodicamente por diversos trabalhadores para avaliar a

atividade antimicrobiana. A avaliação pode ser efectuada através dos seguintes métodos [3-5]:

- Método métrico turvo.
- Método de diluição em estrias de ágar.
- Método de diluição em série.
- Método de difusão em ágar.

> As técnicas seguintes são utilizadas como método de difusão em ágar:

- Método do copo de ágar.
- Método da vala de ágar.
- Método do disco de papel.

O método de diluição em caldo, um teste de suscetibilidade bacteriana in vitro não automatizado amplamente utilizado, tem sido utilizado para avaliar a atividade antimicrobiana.

É um método clássico que produz um resultado quantitativo para a quantidade de agente antimicrobiano necessária para inibir o crescimento de microrganismos. É efectuado em tubos.

- Método de macrodiluição em tubos.
- Formato de microdiluição utilizando tabuleiros de plástico.
- No presente protocolo, utilizámos o formato de microdiluição.
- Determinação das concentrações bactericidas mínimas (CBM) por caldo

Método de diluição:

Material e método:

1. Todos os fármacos sintetizados foram utilizados em testes antibacterianos.
2. Foram utilizados todos os controlos necessários, nomeadamente o medicamento, o

veículo e o caldo do organismo.

O medicamento Gentamicina foi utilizado como controlo.

O caldo Muller Hinton foi utilizado como meio nutriente para cultivar as estirpes e diluir as suspensões de fármacos para ensaio. Todas as culturas MTCC foram testadas contra os medicamentos conhecidos e desconhecidos acima mencionados.

3. A técnica de diluição em série foi seguida pelo método micro, de acordo com o manual NCCLS-1992. [123456]

4. Tamanho do inóculo: O tamanho do inóculo para a estirpe de teste foi ajustado para 10^8 ufc (unidade formadora de colónias) por ml.

5. As estirpes utilizadas para o rastreio das actividades antibacterianas e antifúngicas foram obtidas no Institute of Microbial Technology (IMTECH), Chandigarh.

Para o rastreio das actividades antibacteriana e antifúngica, foram utilizados os seguintes corantes adquiridos no IMTECH-Chandigarh.

- Escherichia coli	[Gram negativo].	MTCC - 442
- Pseudomonas aeruginosa	[Gram negativo].	MTCC - 441
- Staphylococcus aureus	[Gram positivo].	MTCC - 96
- Streptococcus pyogenes	[Gram positivo].	MTCC - 443
- Candida albicans	[Fungo]	MTCC - 227
- Aspergillus Niger	[Fungo]	MTCC - 282
- Aspergillus clavatus	[Fungo]	MTCC - 1323

6. O DMSO foi utilizado como diluente/veículo para obter a concentração desejada de fármacos para testar em estirpes bacterianas padrão.

Concentrações Bactericidas Mínimas (CBM):

A principal vantagem do **"Método de Diluição em Caldo"** para a determinação da CBM reside no facto de poder ser facilmente convertido para determinar também a CBM.

6) A quantidade de crescimento do tubo de controlo antes da incubação (que representa os inóculos originais) foi comparada.

7) As subculturas podem apresentar um número semelhante de colónias, indicando bacteriostática, um número reduzido de colónias - indicando uma atividade bactericida parcial

1 Foram preparadas diluições em série para o rastreio primário e secundário.

2 O tubo de controlo que não contém antibiótico é imediatamente subcultivado (antes da incubação), espalhando-se uma alça uniformemente sobre um quarto de placa de meio adequado para o crescimento do organismo testado e incubado a 37^0C durante 24 h.

3 A MBC do organismo de controlo é lida para verificar a exatidão das concentrações do medicamento.

4 A concentração mais baixa que inibe o crescimento do organismo é registada como MBC.

5 Todos os tubos que não apresentam crescimento visível (da mesma forma que o tubo de controlo descrito)

acima) são subcultivadas e incubadas durante a noite a 37^0C.

ou lenta e ausência de crescimento - se todo o inóculo tiver sido eliminado. O teste deve incluir um segundo conjunto das mesmas diluições inoculadas com um organismo de sensibilidade conhecida.

Concentração fungicida mínima (CFM):

O método de diluição em caldo para a determinação da MFC reside no facto de poder ser facilmente convertido para determinar também a MFC. A diluição em série, onde o rastreio primário e secundário e o material e o método foram apenas seguidos como uma atividade bactericida. O crescimento e a inibição são medidos e o composto é aplicado no método para determinar a atividade na concentração de µg/ml.

Métodos utilizados para o rastreio primário e secundário:

Cada fármaco sintetizado foi diluído obtendo-se uma concentração de 2000 microgramas /ml, como solução de reserva.

Ecrã primário:

No rastreio primário, foram utilizadas concentrações de 500 micro/ml, 250 micro/ml e 125 micro/ml dos fármacos sintetizados. Os fármacos sintetizados activos encontrados neste rastreio primário foram ainda testados num segundo conjunto de diluições contra todos os microrganismos.

Análise secundária: Os fármacos considerados activos no rastreio primário foram diluídos de forma semelhante para obter concentrações de 100 micro/ml, 50 micro/ml, 25 micro/ml, 12,5 micro/ml, 6,250 micro/ml, 3,125 micro/ml e 1,5625 micro/ml.

Resultado da leitura:

A diluição mais elevada que apresenta pelo menos 99 % de zona de inibição é considerada como CIM. O resultado é muito afetado pelo tamanho do inóculo. A mistura de teste deve conter 10^8 organismos/ml.

O medicamento padrão:

O medicamento padrão utilizado no presente estudo é a **"Gentamicina"** para avaliar a atividade antibacteriana que mostrou (0,25, 0,05, 0,5 e 1 цд/ml). MBC contra S. *aureus, E. pyogenes e P. aeruginosa*, respetivamente. **"K.Nystatin"** é usado como o medicamento padrão para a atividade antifúngica que mostrou 100 µg/ml MFC contra todas as espécies, usado para a atividade antifúngica.

Medicamentos antibacterianos e antifúngicos importantes

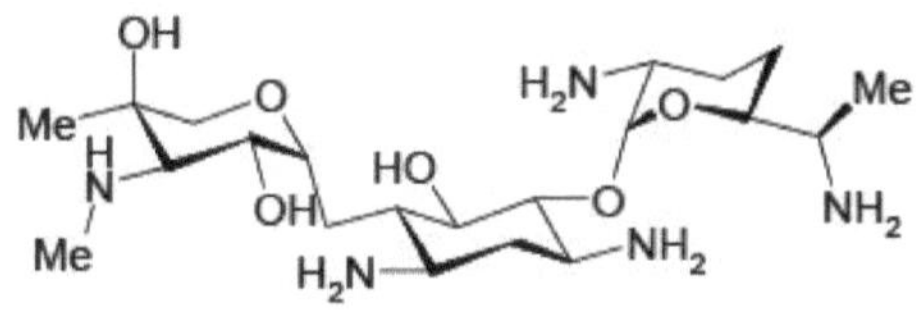

Gentamicin

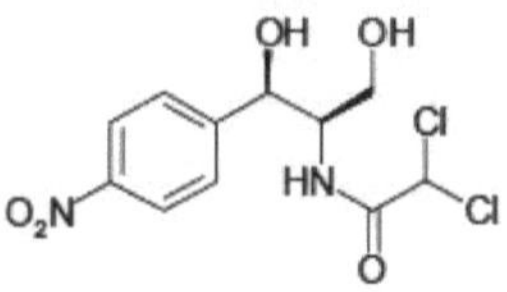

Chloramphenicol

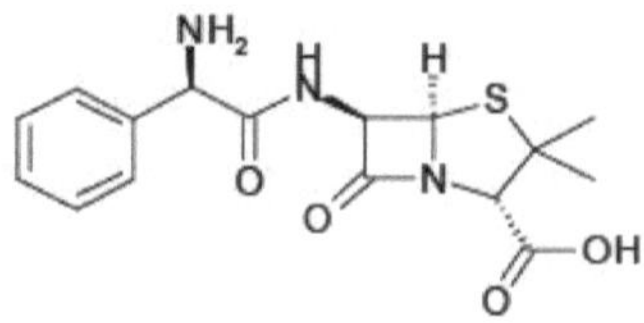

Amicillin

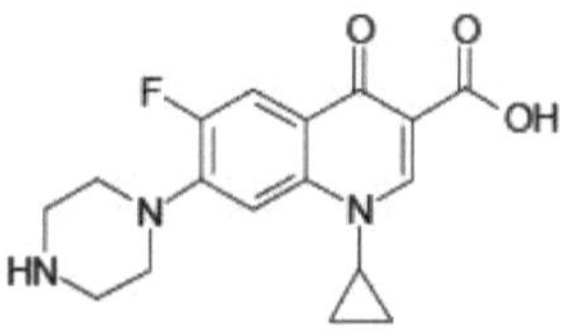

Ciprofloxacin

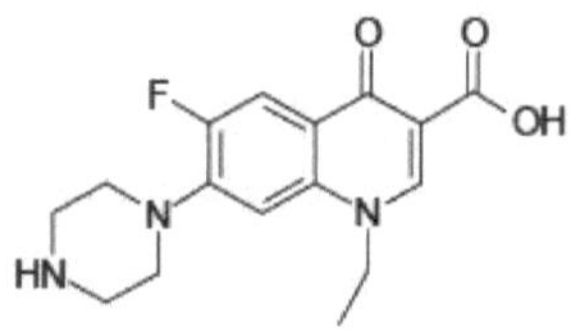

Norfloxacin

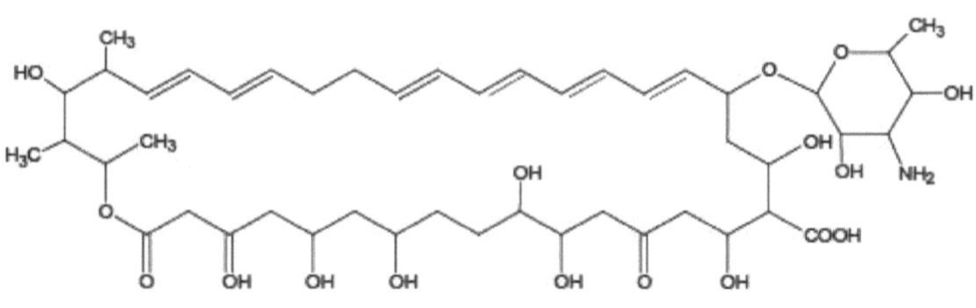

K. Nistatina

Os medicamentos padrão

Tabela 5.1: Concentração mínima de inibição:

Medicamentos	*E. coli*	*P. aeruginosa*	A *aureus*	S. *pyogenus*
	MTCC 443	**MTCC 1688**	**MTCC 96**	**MTCC 442**
(micrograma/ml)				
Gentamicina	0.05	1	0.25	0.5
Ampicilina	100	100s	250	100
Cloranfenicol	50	50	50	50

Ciprofloxacina	25	25	50	50
Norfloxacina	10	10	10	10

Tabela -5.2: Concentração mínima de inibição:

Droga	*C. albicans*	*A. niger*	A. *clavatus*
	MTCC 227	**MTCC 282**	**MTCC 1323**
(micrograma/ml)			
Nistatina	100	100	100
Greseofulvina	500	100	100

Tabela-5.3: Actividades antibacterianas do 2-(3,4,5-trimetoxifenil)-5-{(1-arilamino)-2-oxoetil}-mercapto-1,3,4-oxadiazol:

Atividade antibacteriana					
Concentração mínima de inibição					
Sr.	**Código**	***E. coli***	***P. aeruginosa***	**A *aureus***	**S. *pyogenus***
Não.	**Não.**	**MTCC 443**	**MTCC 1688**	**MTCC 96**	**MTCC 442**
1	Ai	125	125	500	1000
2	Ar	500	500	100	500
3	A_3	125	500	100	1000
4	A4	250	500	500	500
5	A_5	500	500	100	100
6	A6	1000	500	500	1000
7	A_7	500	500	500	500
8	$A\chi$	250	500	250	250
9	A9	500	250	500	250
10	A10	500	200	200	100

Os resultados da atividade antibacteriana mostraram que o composto A1 foi moderadamente ativo contra as bactérias gram-negativas E. coli e P. aeruginosa. O composto A5 foi moderadamente ativo contra as bactérias gram positivas S. aureus e S. pyogenus. O composto A3 foi moderadamente ativo contra S. aureus e E. coli. O composto A2 foi moderadamente ativo contra S. aureus e o composto A10 foi moderadamente ativo contra S. pyogenus

Tabela-5.4: Actividades antibacterianas da 2-(4-fluorofenil-1,3,4-oxadiazol-2-il- 5-sulfanil)-4-(morfolino)-6-(arilamino)-s-triazina:

Atividade antibacteriana					
Concentração mínima de inibição					
Sr.	**Código**	***E. coli***	***P. aeruginosa***	**A *aureus***	**S. *pyogenus***
Não.	**Não.**	**MTCC 443**	**MTCC 1688**	**MTCC 96**	**MTCC 442**
1	Hi	500	500	500	250
2	H_2	250	500	200	500
3	H_3	500	500	500	500
4	Hi	500	500	250	1000
5	H_5	250	200	250	500
6	H6	200	250	200	250
7	H_7	50	125	50	250

8	H_8	250	50	100	125
9	H_9	500	250	500	125
10	H10	200	125	100	250

Os resultados da atividade antibacteriana mostraram que o composto H7 foi bastante ativo contra E. coli e S. aureus. O composto H8 foi moderadamente ativo contra P. aeruginosa e contra S. aureus e o composto H10 foi moderadamente ativo contra S. aureus.

Tabela-5.5: Actividades antifúngicas do 2-(3,4,5-trimetoxifenil)-5-{(1-arilamino)-2-oxoetil}-mercapto-1,3,4-oxadiazol:

Atividade antifúngica Tabela				
Concentração Fungicida Mínima				
Sr. Não.	**Código Não.**	***C. albicans*** **MTCC 227**	***A. niger*** **MTCC 282**	**A. *clavatus*** **MTCC 1323**
1	Ai	500	1000	1000
2	Ar	1000	500	500
3	A_3	1000	500	1000
4	A4	500	1000	500
5	A_5	>1000	1000	1000
6	Aб	500	1000	500
7	A_7	500	1000	1000
8	Aχ	>1000	1000	500
9	A_9	500	500	1000
10	A10	>1000	>1000	>1000

Os dados da atividade antifúngica desta série indicaram que os compostos não apresentavam atividade potencial contra nenhuma espécie.

Tabela-5.6: Actividades antifúngicas de 2-(4-fluorofenil-1,3,4-oxadiazol-2-il-5- sulfanil)-4-(morfolino)-6-(arilamino)-s-triazina:

Tabela de atividade antifúngica				
Concentração Fungicida Mínima				
Sr. Não.	**Código Não.**	***C. albicans*** **MTCC 227**	***A. niger*** **MTCC 282**	**A. *clavatus*** **MTCC 1323**
1	Hi	>1000	>1000	>1000
2	H_2	500	1000	500
3	H_3	1000	>1000	>1000
4	Hi	1000	500	1000
5	H_5	>1000	1000	500
6	Hб	1000	1000	1000
7	H_7	1000	1000	>1000
8	H_8	500	>1000	1000
9	H_9	1000	1000	1000
10	H10	1000	1000	1000

Os dados da atividade antifúngica desta série indicaram que os compostos não apresentavam atividade potencial contra nenhuma espécie.

Capítulo - VI

RESUMO

O trabalho de investigação incorporado na tese com o título **"SÍNTESE, ELUCIDAÇÃO ESTRUTURAL E ACTIVIDADE ANTIMICROBIANA DE ALGUNS NOVOS COMPOSTOS HETEROCICLICOS"** foi descrito da seguinte forma

Capítulo 1

Sec - I

A química medicinal é uma disciplina científica que se situa na intersecção entre a química e a farmacologia e que se ocupa da conceção, síntese e desenvolvimento de medicamentos. A química medicinal é uma ciência altamente interdisciplinar que combina a química orgânica com a bioquímica, a química computacional, a farmacologia, a farmacognosia, a biologia molecular, a estatística e a físico-química. A química medicinal envolve a identificação, a síntese e o desenvolvimento de novas entidades químicas adequadas para utilização terapêutica. Inclui também o estudo dos medicamentos existentes, das suas propriedades biológicas e das suas relações quantitativas estrutura-atividade (QSAR). A química farmacêutica centra-se nos aspectos de qualidade dos medicamentos e tem por objetivo garantir a adequação dos medicamentos ao fim a que se destinam.

Os compostos heterocíclicos são compostos orgânicos que contêm uma estrutura em anel com átomos para além do carbono, como o enxofre, o oxigénio ou o azoto, como parte do anel. Podem ser anéis aromáticos simples ou anéis não aromáticos. A literatura refere um grande número de fármacos que contêm uma fração heterocíclica como núcleo ativo.

Sec-II

Uma série de derivados de acetamida foi sintetizada e testada quanto à atividade antimicrobiana para o tratamento da obesidade.[1] Os derivados de acetamida substituídos são uma classe importante de compostos com actividades antagonista[2], antitumoral[3], antibacteriana[4] e antifúngica[5]. Os compostos de acetamida-N-fenil foram materiais muito importantes para medicamentos, corantes e estabilizadores.[6,7]

Os derivados de s-triazinas substituídas são uma classe importante de compostos com actividades anticancerígenas[8], antitumorais[9], antibacterianas[10], antimaláricas[11], antivirais[12] e antifúngicas. Estes compostos têm sido utilizados no tratamento da depressão[13] e, por conseguinte, receberam uma importância terapêutica considerável. São bases valiosas para moduladores dos receptores de estrogénio e também utilizados como agentes de ligação para herbicidas sintéticos. Também se verificou que são activos **14** contra parasitas tripanosomatídeos.

1.3.4- Os oxadiazóis constituem uma classe única de heterociclos de cinco membros com azoto e oxigénio. Os 1,3,4-oxadiazóis são compostos heterocíclicos biologicamente activos[15], sinteticamente úteis e importantes.

Capítulo 2

As técnicas utilizadas para a análise dos compostos e a formação de Acetamida, 1,3,4-Oxadiazol e s-Triazina serão incluídas no capítulo 2.

Capítulo 3

Os pormenores sobre a síntese e a análise físico-química serão incluídos no capítulo 3.

Série - I

2-(3,4,5-Trimetoxifenil)-5-{(1-arilamino)-2-oxoetil}-mercapto-1,3,4-oxadiazol foram preparados por condensação de 2-cloro - N - (Aril) - acetamidas com 5-(3,4,5- trimetoxifenil)-1,3,4 oxadiazol-2-tiol. A sua síntese e caraterização serão incluídas no Capítulo 3.

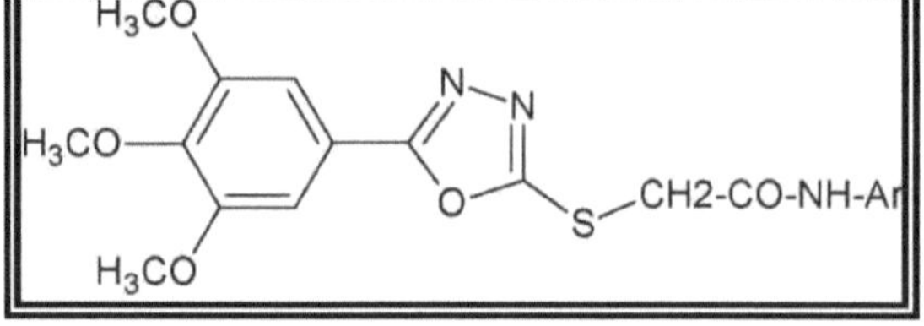

Série - II

Síntese de 2-(4-fluorofenil-1,3,4-oxadiazol-2-il-5-sulfanil)-4-(morfolino)-6-(arilamino)-s- triazina foram preparadas por condensação de 2-(4-fluorofenil-1,3,4-oxadiazol-2-il-5-sulfanil)-4- (morfolino)-6-cloro-s-triazina com arilamina. A sua síntese e caraterização serão incluídas no Capítulo 3.

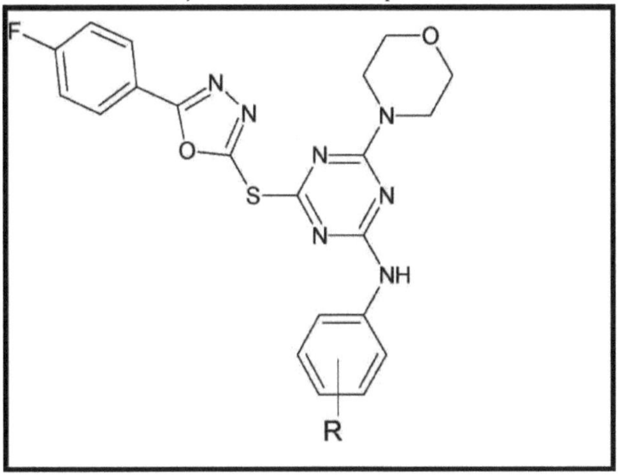

Capítulo 4

Todos os compostos sintetizados foram analisados por métodos convencionais, tais como ^{1}H-Dados de RMN, espectros MASS e espectros de IV do capítulo 3.

Capítulo 5

Todos os compostos sintetizados foram avaliados quanto ao seu ensaio biológico in vitro, como a atividade antibacteriana contra bactérias gram-positivas (S.Aureus, S.Pyogenus) e bactérias gramnegativas (E. Coli, P.Aeruginosa) utilizando o método de difusão em ágar. Atividade antifúngica contra (C.Albicans, A.Niger, A.Clavatus) utilizando a técnica do veneno em placas. O teste foi efectuado a uma concentração de 1000 ppm utilizando DMF como solvente. As actividades biológicas dos compostos sintetizados foram comparadas com fármacos padrão. A atividade inibitória de cada composto foi expressa em mm de diâmetro da zona.

Capítulo 6

**** RESUMO ****

Neste capítulo, o trabalho discutido na tese foi resumido.

REFERÊNCIAS

1. Torrens A., castrillo T. A., Perez P., J. Med. Chem., 2005, 48,2080.
2. Cliffe I.A., Mansell H. L., Eur. Pat., **1993**, 0512 755 A2.
3. Vassilev L. T., Berthel S. J., Anti-Cancer Drug Design, **2001**, 16, 7.
4. Abdel-Hamide S. G., J. Ind. Chem. Soc., **1997**, 74, 613.
5. Pattanaik J. M., Bhatta D., Ind. J. Chem., **1998**, 37B, 1304.
6. M. M. Wassel, The Fundamental of Industry Chemistry (Publicado por DAR ALFAJER, Egito, **2005**) P. 122.
7. G. A. Adam, Industry Chemistry" (publicado pela Universidade de Basrah, Iraque), **2001**) P. 321.
8. Mayumi O., Kawahara N., Sato Y., Cancer Res., 1996, 56, 1512.
9. Brozowski Z., Gdaniec M., Eur. J. med. Chem., 2000, 35, 1053.
10. Srinivas K., Bhanuprakash K., Murtly U. S. N., Biorg. and Med. Química,
11. Puri S. K., Bhanuprakash K., Chauhan P. M. S., Biorg. and Med. Chem. Lett., 2005, 15, 531.
12. Ghaib A., Menger S., Lafont O., Farmaco, 2002, 57, 109.
13. Whitten J. P., Erickson P. E., Mc. Carly J. R., J. Med. Chem., 1996, 19, 4354.
14. Alessandro B., Stewart M. L., Glibert I. H., J. Med. Chem., 2005, 48, 3570.
15. Kalluraya B., Shetty S. N., Rai J. G., Ind. J. Chem., 2000, 39(B), 597

MIX
Papier aus verantwortungsvollen Quellen
Paper from responsible sources
FSC® C105338

Printed by Books on Demand GmbH, Norderstedt / Germany